AF305605

NOUVELLE METHODE TRES-FACILE POUR APPRENDRE LE PLEIN-CHANT DANS LA PERFECTION,

Avec un Traité des huit Tons de l'Eglise, des Tons de l'Orgue, de l'Vni-son dans l'Office, & du Chant pour toutes les Heures Canoniales, & pour la Messe.

Par un Ecclesiastique du Diocese de Roüen.

O Fratres, ô Filii, ô Catholica germina, cantate Domino Canticum novum; contra linguam testimonium non dicat vita. Cantate vocibus, cantate oribus, cantate moribus. S. Aug. Serm. 2. de divers.

✠

A ROUEN,

Chez BONAVENTURE LE BRUN le jeune, Imprimeur-Libraire, ruë Neuve S. Lo, devant le grand Portail de l'Eglise.

M. DC. LXXXV.
Avec Privilege du Roy.

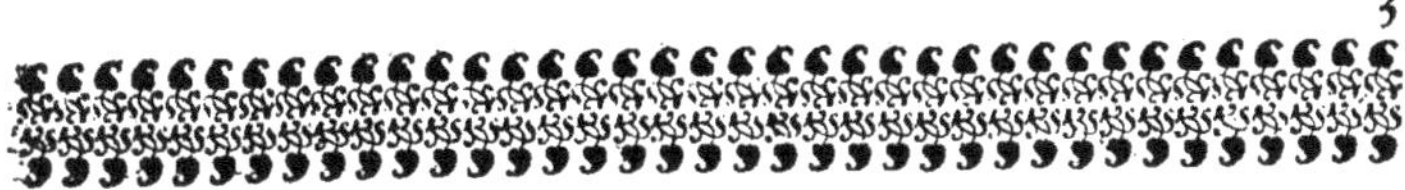

PRE'FACE.

O N fçait affez l'eftime que les SS. Peres ont faite du Chant de l'Eglife, tant par les loüanges qu'ils lui ont données, que par les Ouvrages qu'ils ont compofez fur ce fujet. Nous apprenons de Theodoret que S. Ephrem en Orient s'appliqua particulierement à le regler. Saint Bafile fit la même chofe dans fes Monafteres malgré la contradiction qu'il eut à fouffrir fur cela de la part de diverfes perfonnes. Et Sozoméne rapporte que faint Jean Chryfoftome, voulant affermir les Fidelles dans la Foy, établit le Chant des Pfeaumes dans fon Eglife, afin de fe mieux oppofer aux Ariens; comme S. Auguftin dit que S. Ambroife, durant la perfecution que lui fufcita l'Imperatrice Juftine, l'avoit établi à Milan pour foûtenir la pieté de fon peuple qui paffoit les nuits dans l'Eglife prêt de mourir plûtôt pour la verité, que d'abandonner la foy & la perfonne de fon Evêque.

Hilar. in Pfal. 65. Auguftin. de Mufica & epift. 130. Caffiodor. Ifid. Hifpal. Beda, Odo, Bernardus, &c. Theodoret. Hift. Ecclef. lib. 4. c. 26. Bafil. epift. 63. Sozom. lib. 8. c. 8. Auguft. Conf. lib. 9. c. 7.

Plufieurs Prélats de France, d'Efpagne, & d'Angleterre ont fouvent ufé de la même adreffe pour animer la devotion des Fidelles, & quelques-uns d'entr'eux fe font même rendus habiles dans le Chant. Nous voyons par S. Gregoire de Tours que non feulement les Prêtres & les Abbez, mais les Evêques mêmes faifoient gloire de chanter & de bien apprendre cet Art.

Gregor. Turon. Vit. Patrum c. 6.

Mais parceque le Chant qu'avoit introduit S. Ambroife (qui à caufe de cela eft appelé *Ambrofien*, & qui eft proprement celui qu'on a retenu dans les Hymnes & dans la Mufique) paroiffoit un peu trop figuré pour plufieurs perfonnes, faint Gregoire le Grand s'étudia particulierement à en établir un autre qui allât d'un pas égal, & qui pour cette raifon fut nommé *Plein Chant* : c'eft auffi celui qui porte encore aujourd'hui le nom de *Gregorien*. Et ce faint Pape y travailla avec tant de zele parmi toutes fes grandes occupations, le foin des Eglifes, les guerres dont il vit Rome attaquée & l'Italie defolée, & non-obftant les maladies continuelles dont il étoit travaillé, que nous apprenons de Jean Diacre, que lors qu'il étoit arrété par les gouttes, il fe faifoit porter à l'Ecole des Chantres qu'il avoit établie à Rome, & qu'il s'appliquoit à faire chanter lui-même les jeunes Ecclefiaftiques, pour ne rien negliger de ce qui pouvoit contribuer à cultiver & faciliter un Art qui a toûjours été jugé fi utile dans l'Eglife.

Radulph. Tungr. lib. 10. de Canon. Obferv. propof. 12. Ichan. Diac. Vit. S. Gregor. M. lib. 2. c. 6. Bona div. Pfalmod. c. 17. § 3. Honor Augu-ftod. lib. 2. c. 14. & l. 4 c 1. Ichan. Diac. loc cit.

C'eft en cette Académie de S. Gregoire que les Etrangers venoient de toutes parts pour s'inftruire de la Science du Chant, ou pour en tirer des Maîtres habiles qui puffent l'aller enfeigner dans leurs pays. C'eft-pourquoy le Venerable Bede loüe particulierement S. Wilfride du foin qu'il eut d'aller exprés d'Angleterre à Rome pour s'inftruire de la Foy & *du Chant*. Dans le même fiecle faint Benoift Bifcope obtint du Pape Agathon que Jean Préchantre de l'Eglife de S. Pierre de Rome paffât en Angleterre pour y apprendre plus particulierement cet Art aux Anglois, & pour y établir le Chant de l'Eglife Romaine ; dequoy il s'acquitta

Beda Hift. Angl. lib. 4. c. 18. & Vit. Bifcop.

ã ij

avec un foin & une diligence merveilleufe tant de vive voix que par écrit, ayant eu le venerable Bede pour fon Difciple, & fes Ecrits ayant été long-tems confervez dans les Monafteres.

Carol. M. Ca-
pitular. lib. 1.
c. 74. & lib. 1.
contra Synod.
pro ador. Imag.
c. 6.
** Paul. I. PP.*
epift. ad Pipin.
Hiftor. Franc.
10. 3. ep. 43.

Pepin Pere de Charlemagne fut le premier qui introduifit le Chant Gregorien parmi les François. S. Remy * Archevêque de Roüen, Frere de Pepin, envoya auffi des Religieux à Rome pour s'en bien inftruire; Et c'eft fans doute celui qu'ils apprirent qui s'eft confervé jufqu'aujourd'hui dans l'Eglife Cathedrale de Roüen, où il a été d'autant moins alteré, qu'on ne fe fert point dans cette Eglife de Livres Antiphonaires dont les nouvelles Éditions font toûjours fujettes à la nouveauté & au changement; mais qu'on y a foin de faire apprendre aux Chantres par cœur tout l'Antiphonaire, qu'on leur fait repeter exactement dans l'efpace des deux premieres années de leur reception jufqu'à ce qu'ils le fçachent dans la derniere perfection. Auffi eft-il difficile de trouver dans aucune Eglife de France un plus beau Chant & plus rempli de gravité & d'une majefté digne de Dieu.

Ratpert. San-
gall. Monach.
Chronic. lib. 1.
cap. 11. Iohan.
Diac. Vit. S.
Gregor. M. lib.
2. c. 10.

Charlemagne envoya auffi à Rome deux Ecclefiaftiques pour fe rendre habiles dans le Chant, dont enfuite il en retint un auprés de lui pour fa Chapelle, & donna l'autre à Drogon Evêque de Mets pour établir dans fon Eglife une Ecole de Chant à l'imitation de celle de Rome; & c'eft delà que cet Art commença à fe répandre heureufement dans toute l'étenduë de la France, où les Chantres ont toûjours fait gloire d'y exceller.

Ibid. c. 6.

Comme le Chant contribuë beaucoup à l'édification des Fidelles, l'Eglife a toûjours eftimé tout ce qui peut fervir à le regler ou à en faciliter l'inftruction. C'eft-pourquoy elle s'eft crûë beaucoup redevable à S. Gregoire le Grand qui vers l'an 600. reduifit une grande multitude de caracteres, dont on fe fervoit pour chanter, aux fept premieres Lettres de l'Alphabet *A B C D E F G*, en y mêlant feulement de certaines figures ou de certains points en forme de Notes, & qui étoient fur la même ligne. Car les Bandes de plufieurs lignes pour pofer les Notes, les Clefs, les Guidons, la Gamme, & les Muances ne furent inventées que vers l'an 1022. par le celebre Guy d'Arezzo Moine de l'Ordre de S. Benoift dans le Monaftere de N. Dame de Pompofe dans le Duché de Ferrare en Italie. Ce fut auffi ce Religieux qui trouva ces fix voix *Ut re mi fa fol la*, par lefquelles on a diftingué les fons de la voix humaine. Il trouva ces fyllabes, dont on nomme les Notes, dans la premiere ftrophe de l'Hymne de S. Jean-Baptifte à Vêpres, au commencement & au milieu des trois premiers vers en la premiere fyllabe des mots, chacune defquelles étoit au ton qui lui eft propre, fuivant l'air & la cadence qu'on donnoit alors à cette Hymne.

Vincent. Bel-
vac. lib 25. c.
14. Baron. ad
ann. 1022. n.
20.
Chronic. Tru-
don. lib 8.
Bona div.
Pfalmod. c. 17.
§. 3.

> Ut *queant laxis* Refonare *fibris*
> Mira *geftorum* Famuli *tuorum,*
> Solve *polluti* Labii *reatum.*

A quoy Jean des Murs Docteur en Theologie de la Faculté de Paris, qui fe rendit celebre dans le même Art au commencement du XIV. fiécle, ajoûta les queuës des Notes & leurs diverfes figures.

On auroit fouhaité que quelque perfonne habile dans le Plein-Chant eût voulu fe donner la peine de travailler à une Methode pour l'apprendre aisément & dans la perfection; Mais comme on ne voit point que cela foit arrivé, on m'a perfuadé d'y travailler; Et on a jugé que je pourrois y reüffir ayant été inftruit

dans

Fautes à corriger.

PAg. 20. l. 10. Auparavant, *lifez*, Avant. P. 57. l. 4. *aprés* defcend *ajoûtez* fur. P. 87. l. 18. de fon, *lifez*, de leur. P. 97. l. 6. on les tranfpofe ainfi quand ils ont, *lifez*, on le tranfpofe ainfi quand il a.

NOUVELLE

dans le Chant par un * des plus habiles hommes du Royaume, qui a eu pour Ecoliers des Chantres qui font aujourd'hui tres-celebres ; & qui avoit un defir tres-
grand que les loüanges de Dieu fuſſent chantées comme il faut, & les a chantées
lui-même en cette maniere tous les jours pendant plus de cinquante années ; Et on
a crû que je devois feconder fes pieufes intentions, & contribuer autant que je
pourrois à faire part aux autres de ce qu'il m'avoit enfeigné avec tant de foin, afin
que ceux qui n'ont pas encore appris le Chant Ecclefiaſtique s'en puiſſent facile-
ment inſtruire, & que perfonne n'ait lieu de s'excufer fur le prétexte des difficultez qu'on y a euës jufqu'à prefent.

Cette *Nouvelle Methode*, que je propofe, a cet avantage, que ne changeant
rien dans le fond du Chant, & n'étant pas moins feure que l'ancienne, elle eſt in-
finiment plus facile. Il faut feulement prendre garde à une chofe, qui eſt de ne
point écouter ceux qui ayant appris à chanter par les Muances leur feroient fur cela des difficultez mal fondées, parcequ'ils ne conviendroient pas avec eux à nom-
mer les Notes de la même forte. Cela n'importe point, & ne fait rien à l'affaire ;
il fuffit d'une part qu'on s'accorde parfaitement avec eux en chantant la Lettre,
& de l'autre qu'il eſt incomparablement plus facile d'apprendre par cette Methode
que par les Muances. J'ay l'experience de l'une & de l'autre, & je les ay mifes &
fait mettre en pratique : c'eſt-pourquoy on peut faire fond fur ce que je dis.

Comme on a fait ce petit Ouvrage principalement pour les Eglifes de la Province de Normandie, dans laquelle fuivant les Decrets des Conciles * il ne devroit y
avoir qu'un même Chant & qu'un même Office, l'on y a mis le Chant des Pfeaumes felon les huit Tons ainfi qu'ils s'obfervent dans l'Eglife Metropolitaine de
Roüen, fe contentant de mettre à la fin de ce Livre la difference des huit Tons
fur les Pfeaumes felon l'Ufage Romain en faveur des Eglifes qui le fuivent ; Et on
s'eſt fervi de mots propres à cette Province, & de termes qui y font ufitez & reçûs,
comme font ceux d'*élever* ou *entonner* une Antienne, un Pfeaume, ou Cantique,
aulieu qu'ailleurs on dit *impofer* ; *élevation*, pour *impofition*. Comme auffi on n'a
pas moins travaillé pour les Eglifes de Campagne, que pour celles des Villes, &
pour les jeunes gens, que pour ceux qui font plus avancez en âge, on ne fe doit
point étonner d'y trouver des expreffions plus proportionnées a la portée des premiers, qu'à l'intelligence & à la capacité des feconds. Les moins habiles trouve-
ront à apprendre dans les cinq premiers Chapitres de cette Methode, & ceux qui
font plus avancez auront dequoy s'exercer dans les fuivans.

On traite dans ce Livre des Tons tranfpofez, de l'Uni-fon dans l'Office ; des
huit Tons fur l'Orgue, & de la maniere dont ils fe touchent, afin qu'on fçache
élever les Hymnes, les Cantiques, les Introïts de la Meſſe, &c. conformément
au Ton de l'Orgue qui eſt toûjours fixe, & que l'on fçache reprendre juſtement
au même ton, quand il aura fini ; L'on y traite enfin de tous les Chants de l'Office
qui ne fe trouvent point notez dans les Livres. Et quoiqu'il n'ait point encore paru
jufqu'à prefent de Methode pour apprendre le Plein-Chant dans la perfection,
auffi ample que celle-ci, on eſt neanmoins aſſuré qu'on n'y trouvera rien d'inutile ; & qu'en y mettant tout le neceſſaire, on en a tellement retranché le fuperfiù,
qu'on a compris toutes les Regles fondamentales du Chant dans les cinq premiers
Chapitres de ce Livre.

Comme quantité d'Eccléfiaſtiques ont témoigné beaucoup d'empreſſement pour

* Feu Meſſire Loüis
Dauine Vicaire
Perpetuel de N.
Dame de la Ron-
de, & Soufmitre
de la Mufique de
l'Eglife Cathe-
dale de Roüen.

* Concil. Ve-
net. ann. 465.
c. 15.
Epaon. A. 517.
c. 27. Gerund.
A. 517. c. 1.
Bracar. II. A.
563. c. 1.
Tolet. IV. An.
633. c. 2.
Tolet. XI. c. 3.
Rotomag. An.
1189. c. 1.

Pag. 56.
P. 80. jufqu'à
102.

avoir quelque Methode afin d'apprendre le Plein-Chant, on a tout fujet d'efperer
que celle-ci fera bien reçûë; Et il feroit inutile de rapporter ici les Decrets des
Conciles qui leur ordonnent exprefsément de l'apprendre, comme font ceux des
Conciles de Valence fous Leon IV. de Latran fous Innocent III. c. 17. du V. de
Milan c. 5. *De initiandis Sacramento Ordinis*, & de celui de Trente feff. 24. c. 12.
du Synode de Roüen de l'année 1631. art. 7. & de celui de l'an 1640. art. 5.

Pag. 119.

On a auffi ajoûté à la fin de ce Livre la difference de la Pfalmodie de l'Eglife de
Paris pour fatisfaire à quelques perfonnes de ce Diocefe-là qui l'ont defirée.

Il eft bon d'avertir ici que comme c'eft un mal de précipiter l'Office, c'en eft un
Dionyf. Car- auffi de traîner dans le Chant; car l'un (comme dit Denys le Chartreux) donne
tuf. lib. de Vi- du fcandale, & l'autre caufe de l'ennuy.
ta Canonicor.

Il ne me refte plus aprés cela qu'à prier ceux qui fe ferviront de cette Methode,
d'obtenir de Dieu par leurs prieres qu'il répande fa benediction fur cet Ouvrage,
& fur celui qui n'y a travaillé que pour rendre quelque petit fervice à l'Eglife.

TABLE DES MATIERES.

NOUVELLE
METHODE
POUR APPRENDRE
LE
PLEIN-CHANT.

§. I. *De la Science du Plein-Chant.*

L A Science du Plein-Chant consiste à sçavoir quatre choses.

La premiere, à connoître les Notes.

La seconde, à les sçavoir entonner.

La troisiéme, à sçavoir joindre & appliquer au ton des Notes les paroles qui doivent être chantées ; & c'est ce qu'on appelle ordinairement *chanter la Lettre.*

La quatriéme, à sçavoir regler toute sorte de Chant sur

A

une dominante & au ton du Chœur ; ce qu'on appelle *chanter à l'Uni-son*.

---

§. II. *De la Connoissance des Notes.*

IL y a sept Notes dans le Plein-Chant, à sçavoir :
Ut, Re, Mi, Fa, Sol, La, Si.

Ces Notes n'ont point de differens caracteres qui les distinguent les unes des autres ; mais pour les reconnoître & les discerner, on les place en differens endroits d'une bande de quatre lignes tant sur les lignes que dans les espaces.

Avec ces sept Notes on peut monter ou descendre à l'infini, en les repetant lorsqu'on est arrivé à la derniere, comme il se voit cy-aprés.

Pour connoître les Notes, on se sert de certains caracteres que l'on appelle *Clefs.*

Ces Clefs sont de certaines figures qui marquent qu'il faut

prendre une certaine Note fur la ligne où elles font poſées, & par conſequent fçachant celle qui eſt ſur la ligne de la Clef on connoît toutes les autres; Remarquez qu'il en faut conter fur les eſpaces auſſi bien que fur les lignes.

Il y a deux Clefs dans le Plein-Chant, à fçavoir la Clef d'*Ut* & la Clef de *Fa.*

La Clef d'*Ut* eſt faite ainſi ⸮ Il faut dire *Ut* ſur cette li-gne.

La Clef de *Fa* eſt faite en cette maniere ⸮ La Note qui eſt ſur cette ligne eſt *Fa.*

La premiere des deux Clefs peut eſtre placée ſur les quatre lignes.

La ſeconde ne peut eſtre placée que ſur la premiere & la ſeconde ligne d'enhaut.

§. III. *Du* B *mol.*

OVtre ces deux Clefs, il ſe rencontre encore dans le Plein-Chant une autre figure, fçavoir un *b* qui s'appelle *B mol*, & ce *b* ſe trouve immediatement au deſſous de la Clef d'*Ut* dans l'eſpace entre les deux lignes: la Note qui eſt dans l'eſ-pace vis-à-vis de ce *b* s'appelle *za*, & non *ſi*. Il faut fçavoir qu'il y a deux ſortes de *B mol*, l'un *naturel*, & l'autre *accidentel.*

1. Le *B mol naturel* eſt celui qui eſt au commencement de la ligne tout proche de la Clef, & alors toutes les Notes qui ſont vis-à vis du *B mol*, s'appellent *za.*

2. Le *B mol accidentel* eſt celui qui ſe trouve au milieu d'une ligne à l'occaſion d'une ou de deux Notes ſeulement afin de les adoucir, & pour lors il ne ſert que pour le mot ſeulement.

3. Mais ſi le *B mol* ſe trouve au milieu d'une ligne, & que

les lignes fuivantes foient marquées d'un *B mol* au commencement de la ligne tout proche de la Clef, c'eſt une marque
que tout le reſte de cette ligne précedente doit être chantée
par *B mol.*

4. Que ſi au contraire le *B mol* eſt au commencement
d'une ligne proche de la Clef, & qu'au milieu de cette même
ligne il y ait deux barres ou lignes de travers, & que les
lignes fuivantes foient fans *B mol* au commencement, alors
il faudra quitter le *B mol* à ces deux lignes de travers.

5. Quand il n'y a point de Notes au deſſus du *ſi*, pour l'ordinaire on chante *za* au deſſus du *la.*

6. Il ne faut pas manquer non plus à faire un *za* au deſſus
du *la*, ſi le chant ſort du *fa*, ou qu'il y retourne : ce qui pa-
roîtra tres-clair par les exemples fuivans.

Sçavoir

I I I.
Sçavoir quand
il faut conti-
nuer le B mol.

I V.
Quand il
faut quitter
le B mol.

V.
Exem-
ple.

V I.
Exem-
ple.

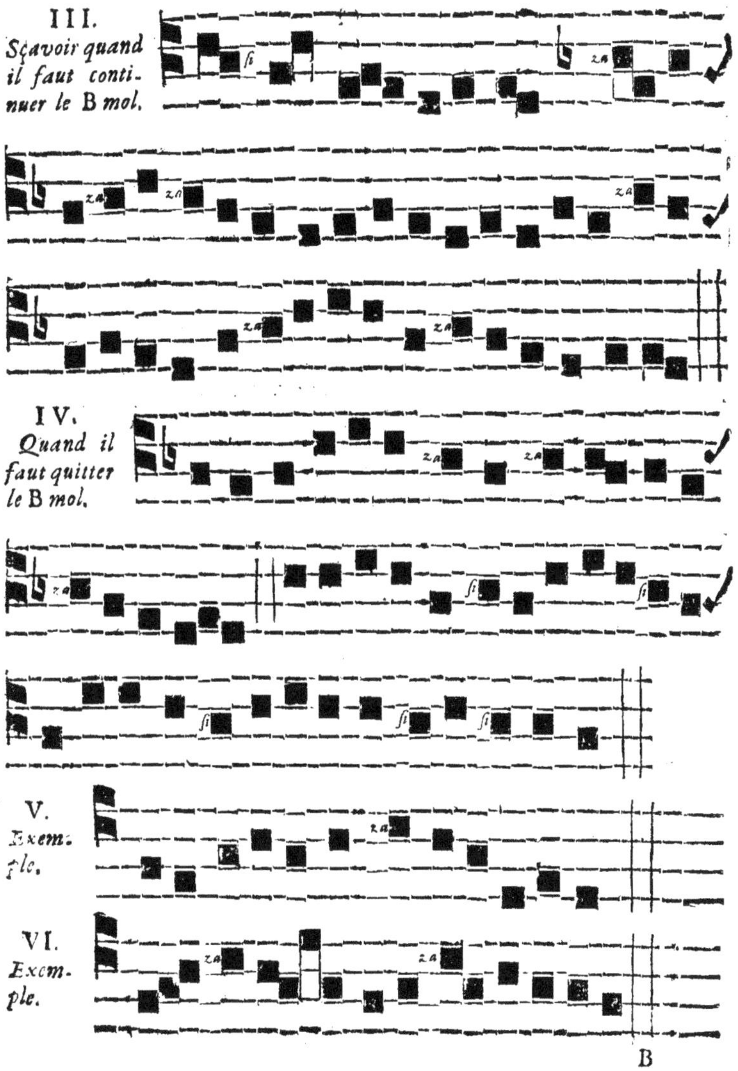

§. IV. *De l'Intonation des Notes.*

AVant que d'essayer à entonner les Notes sur des Livres de Plein-Chant, il faut s'accoûtumer à les entonner par cœur de toutes sortes de manieres, comme elles sont marquées ci-aprés.

Il faut aussi sçavoir qu'il y a un ton plein & entier d'une Note à une autre, excepté du *mi* au *fa*, & du *si* à l'*ut*; ausquels il faut ajoûter aussi *la* qui n'est qu'un demi ton lorsqu'il est devant un *za*, & aussi *fa mi*, *ut si*, *za la*.

Quand deux Notes se suivent, ~~en descendant~~ on les appelle *Secondes*. Les intervalles où on laisse une Note entre deux, comme de *ut* à *mi*, de *re* à *fa*, s'appellent des *Tierces*. Si on laisse deux Notes, ce sont des *Quartes*. Si on en laisse trois, ce sont des *Quintes*. Si on en laisse quatre, ce sont des *Sixiémes*. Si on en laisse cinq, ce sont des *Septiémes*. Enfin si on en laisse six, comme si on saute d'*ut* à *ut*, ce sont des *Octaves*, qui contiennent la premiere & la huitiéme Note.

Quand on va de *fa* à *si* en montant ou en descendant il y a un *b* vis-à-vis du *si*; & quand il n'y en auroit pas, il faut entonner un *za* comme s'il y avoit un *B mol*, afin que la quarte soit juste, c'est à-dire, qu'elle n'ait que deux tons entiers & un demi ton, parceque autrement si on chantoit *fa si*, ce seroit une quarte composée de trois tons; ce qu'on appelle un *Triton*, qui ne se souffre point dans le Chant.

Voici la valeur des tons qu'ont tous les intervalles qui sont dans le Plein-Chant.

Les *Secondes mineures* ont *un demi ton*; les *majeures* ont *un ton entier*.

Les *Tierces mineures* ont *un ton & demi* ; & les *majeures,* *deux tons.*

Les *Quartes*, *deux tons & demi.*

Les *Quintes*, *trois tons & demi,* (parceque l'intervalle des trois tons n'eſt point ſupportable.)

Les *Sixiémes mineures* ont *quatre tons* ; les *majeures* ont *quatre tons & demi.*

Les *Septiémes* ne ſont point en uſage dans le Plein-Chant, ſi vous en exceptez une qui ſe trouve dans l'Antienne *Cùm in-ducerent* au *Magnificat* des ſecondes Vêpres de la Purification de la Vierge, où il y a *ut* avec un *za* de *B mol*, ce qui fait une *Septiéme* compoſée de *quatre tons entiers & de deux demi* *tons.*

Les *Octaves* ont *cinq tons & deux demi tons.*

Les *Quartes* ſont *toutes mineures*, c'eſt-à-dire, qu'elles n'ont que *deux tons & demi* d'intervalle ; Et les *Quintes* ſont *toutes majeures* ; c'eſt-à-dire, qu'elles renferment *trois tons & un demi ton* : car *fa ſi*, qui ſeroit la ſeule *Quarte majeure*, & *ſi* avec le *fa* au deſſus de la Clef d'*ut* qui ſeroit la ſeule *Quinte mineure*, ſont fauſſes l'une & l'autre ; & ſont un *Triton* ou un intervalle de trois tons qui produit une diſſonance ſi deſagreable que l'oreille ne la peut ſouffrir. On les bannit entierement de l'Art de chanter, & on les évite lorſqu'elles ſe rencontrent ; ou plûtôt on les corrige, & on les reduit à la juſteſſe des autres par la tranſpoſition d'une de ces deux Notes en changeant pour l'ordinaire le *ſi* en *za* comme s'il y avoit un *B mol* ; ou quelquefois en chantant le *ſi*, mais en fai-ſant une *Diéſe** au *fa*, c'eſt-à-dire, ne le chantant point

* Ce mot de *Diéſe*, d'ἴνσις vient du Grec *ἴνμα*, qui ſignifie paſſer ou couler une choſe par l'étamine ; & il ſe prend ici pour la plus grande deli-cateſſe de voix que l'on puiſſe feindre. Ce qui a fait dire à Budé que la *Diéſe* marque le moindre ſentiment du ſon qu'on puiſſe avoir ; & qu'elle tient lieu dans le Chant de ce qu'eſt l'unité dans l'Arithmetique.

d'un ton plein , mais le chantant comme s'il étoit un demi
ton ; ce qui ne s'obferve qu'en defcendant , & non en
montant: ce qui fe trouve fort fouvent dans la Profe *Lau-*
da Sion Salvatorem & *Pange lingua gloriofi* au jour du Saint
Sacrement.

Tout cela ne doit embaraffer perfonne, parcequ'on le
fait naturellement, & il faudroit fe forcer pour ne le pas
faire.

Les *Septiémes* ne fe rencontrent point dans le Plein-Chant,
fi ce n'eft celle que j'ay marquée ci-deffus, qui eft beaucoup
plus fupportable que le Triton.

On appelle *Confonances* les Accords qui plaifent à l'oreille,
& *Diffonances* ceux qu'elle a peine à fouffrir. Nous les
marquerons ci-aprés dans l'ordre que nous avons crû le
plus naturel.

Le plus parfait de tous les Accords, felon S. Auguftin,
eft l'Uni-fon. *Nihil quippe* (dit-il) *tam æquale quàm unum*
& unum. Et de là nous pouvons conclurre que l'union de
l'Octave étant la plus grande aprés celle de l'Vni-fon, elle
eft auffi la plus belle confonance. Les autres Accords par-
faits font la Quinte & la Tierce.

L'efpace de trois tons entiers comme feroit *fa, fol, la,*
fi, ou *mi, fa, fol, la, za,* eft infupportable à l'oreille lorf-
qu'on le prend par degrez feparez, comme *fa....fi* ; & il eft
même befoin de ménagement pour l'employer par degrez
conjoints. Il n'y a rien de plus rude que d'entonner par degrez feparez l'efpace des trois tons pleins : ce qui eft fi vray
qu'en fe forçant même , on ne peut prefque venir à bout
de les entonner.

L'Octave fauffe, c'eft-à-dire, celle qui n'auroit que quatre
tons

tons avec trois demi tons, comme le *fi* en bas avec le *za* en haut renfermez dans l'étenduë de huit Notes, est aussi entierement rejettée. Elle ne peut faire de peine à ceux qui suivent nôtre Methode, mais seulement à ceux qui disant *ut* au lieu du *fa*, pour dire un *fa* vis-à-vis du *B mol*, pourroient s'imaginer un *fa* une quarte au dessus du *B mol*.

Si l'on sçait bien entonner ces Consonances & éviter les Dissonances on pourra chanter parfaitement ; & l'on peut dire même que l'on est déja bien fort dans la Science du Plein-Chant dés que l'on sçait les Tierces, les Quartes, & les Quintes, parceque ce sont les Consonances les plus ordinaires.

On laisse cependant aux Maîtres de Chant la liberté d'apprendre à leurs Ecoliers la valeur des Tons qu'ont les Intervalles, aprés qu'ils les leur auront fait chanter, en leur en donnant cependant une idée legere auparavant.

Exemples de tout ce qui a été dit ci-dessus.

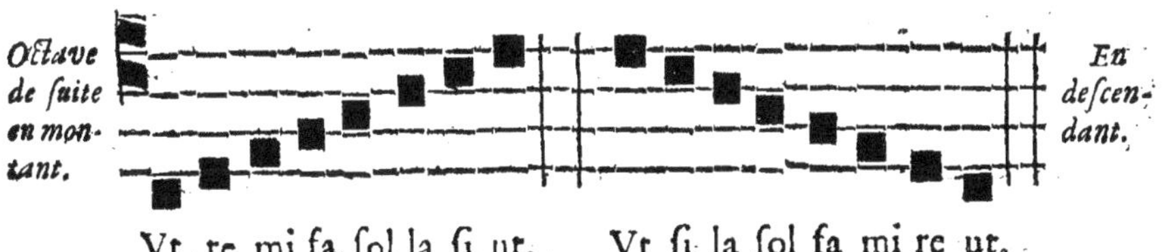

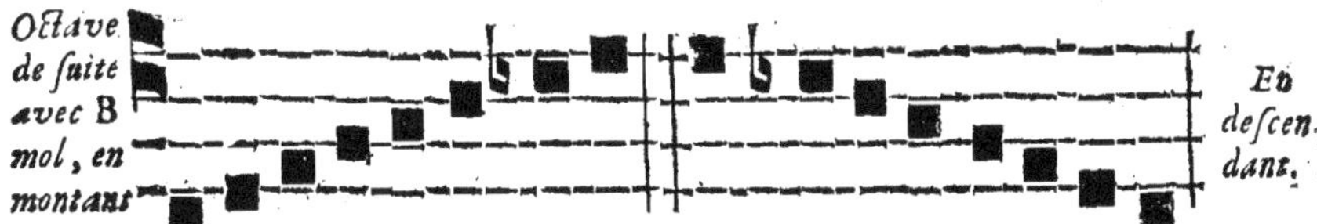

C

Secon-
des en
mon-
tant.
Secon-
des en
defcen-
dant.
INTERVALLES.
Tierces
en mon-
tant.
Tierces
en def-
cen-
dant.
Quar-
tes en
mon-
tant.

Quartes
en def-
cendant.
Quintes
en mon-
tant.
Quintes
en def-
cendant.

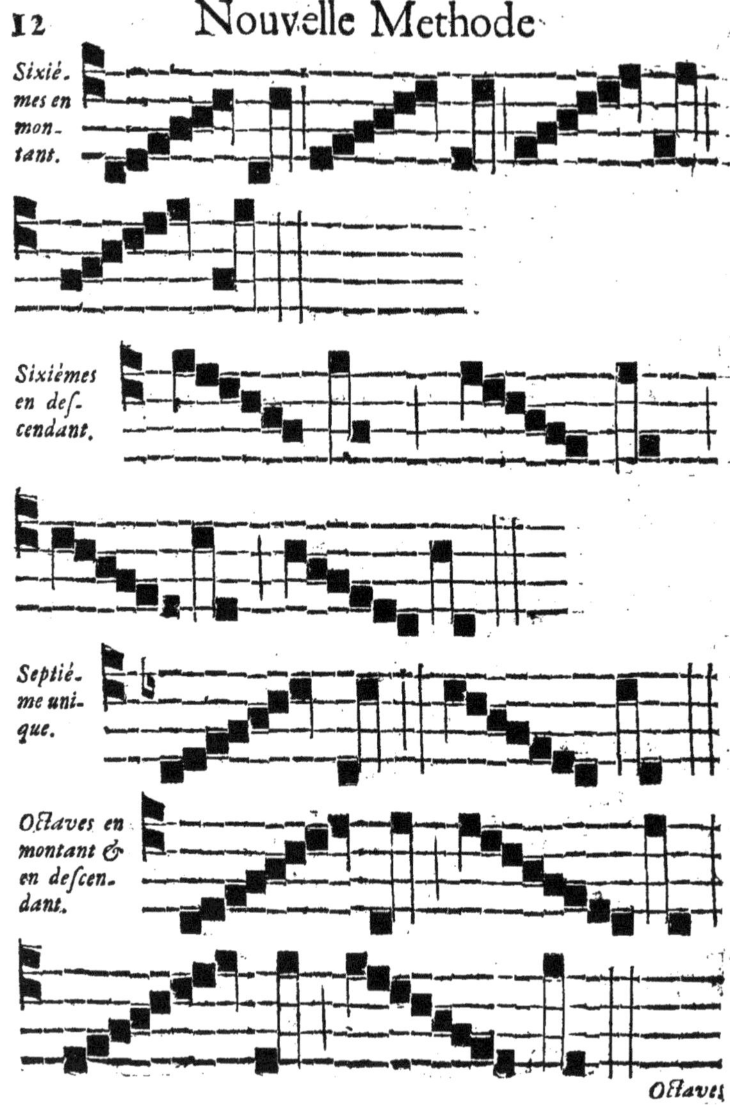

Sixié-
mes en
mon-
tant.
Sixièmes
en def-
cendant.
Septié-
me uni-
que.
Octaves en
montant &
en defcen-
dant.
Octaves

Et ainſi des autres Octaves. Il n'y a rien de plus naturel que d'entonner des Octaves, ni rien qui ſoit plus facile.

Intervalles ſeparez par dégrez conjoints.

Octaves.

Il y a quatre sortes de Notes dans le Plein-Chant, sçavoir

Longue, bréve, moyenne, oblique. ⎧ Les Obliques valent deux
quand elle ⎨ Notes, sçavoir les deux
est seule sur ⎩ extrémitez.
une syllabe.

Il faut sçavoir que quand ces Notes en forme de lozange sont couchées de costé, pour lors elles ne sont pas censées bréves, mais comme si elles étoient quarrées, & comme les moyennes.

Ceux qui sont avancez dans le Plein-Chant doivent observer cette diversité de *longues* & *bréves.*

Il est vray que le Plein-Chant que l'on nomme Gregorien n'est point assujetti aux mesures qui s'observent dans la Musique, parcequ'il est plus simple, & qu'il marche presque toûjours d'un pas égal : ce que quelques-uns ont voulu porter si loin, qu'ils n'ont pas crû qu'on y dût garder les Accens ni la Quantité des mots latins ; & c'étoit le sentiment de Jean des Murs Docteur de la Faculté de Paris, dont nous avons parlé dans la Préface.

Neanmoins on est fort revenu de cette maxime. Et en effet il semble que comme l'Art de chanter a un rapport tout particulier à la Poësie, il n'y a rien de plus juste que de les accorder toûjours ensemble. Aussi voyons-nous qu'on obferve prefque partout dans le Chant les longues & les bréves : On donne plus de Notes à celles-là ; ou fi elles n'en ont qu'une on y ajoûte une queuë pour en marquer la durée, au lieu qu'on ne met qu'une Note à celle-ci, & qu'on la marque en lozange ; c'eft-à-dire, pointuë pour marquer qu'elle paffe plus vîte.

Il y a encore un certain petit caractere Ƶ qu'on appelle *Guide* ou *Guidon*, & qui étant pofé à la fin des lignes montre le lieu & le degré où doit être fcituée la premiere Note de la ligne fuivante. Les Sçavans dans l'Art de chanter fe fervent préferablement de la Clef qui eft toûjours plus certaine que les Guides fouvent mal placez. En effet, il ne faut pas plus de tems à regarder la Clef qui eft au commencement de la ligne ; & on évite encore cet autre inconvenient, que fouvent on fe contente de regarder le Guide de la ligne précedente fans regarder la Clef de celle qu'on chante, & étant au milieu de la ligne on ne fçait qu'elle Note on chante, ce qui fait manquer beaucoup de Perfonnes.

---

§. V.   *De l'Application de la Lettre aux Notes.*

APrés s'être exercé en toutes les manieres qui précedent, il faut commencer de joindre la Lettre à la Note par des Chants où il n'y a qu'une Note pour chaque fyllabe des mots, & venir enfuite à ceux où il y a plufieurs Notes liées ou jointes enfemble fur une même fyllabe.

EXEMPLES.

Il y a dix choſes à obſerver pour bien chanter la Lettre.

1. Ceux qui commencent doivent chanter les Notes d'un mot ou deux fort poſément, & enſuite chanter la Lettre du même mot qui eſt deſſous, en retenant toûjours dans leur eſprit le ton de chaque Note. Quand ils ſont un peu plus

avancez ils peuvent chanter une ligne de Notes, & enfuite y appliquer la Lettre. Que s'ils s'apperçoivent qu'ils ne difent pas bien, ils doivent avoir recours à la Note, car c'eft une marque qu'ils n'en fçavent pas affez les tons qu'il faut poffeder en perfeétion pour cela. Il eft bien à propos que pendant qu'ils chanteront la Lettre dans les commencemens, les Maîtres leur aident en chantant les Notes, ou les faifant chanter par quelque Ecolier qui foit plus avancé qu'eux.

2. Il faut prêter l'oreille quand on chante avec un autre, & écouter celuy qui eft plus avancé, car autrement on feroit une cacophonie étrange : ce que doivent particulierement pratiquer ceux qui ont la voix forte.

3. Il faut chanter de fa voix naturelle, fans la forcer en la voulant rendre plus groffe ou plus claire, ni aller au deffus de fa portée tant en haut qu'en bas. C'eft-pourquoy il eft tres-neceffaire de fçavoir la Dominante du Chant & le Ton du Chœur. Nous les marquerons ci aprés.

4. Quand les Notes font liées enfemble il faut paffer doucement d'une Note à l'autre fans les articuler, ni faire des afpirations fur chaque Note.

5. Il faut bien prononcer les mots & les fyllabes fans en omettre aucune lettre, & remarquer que quand la fyllabe finit par une confonne, on ne fait fonner clairement la confonne qu'à la derniere Note. Il faut bien faire les paufes, & ne rien précipiter.

6. Il faut fur tout éviter de fe repofer au milieu d'un mot immediatement devant une fyllabe, mais on doit refpirer enforte qu'il refte encore deux ou trois Notes de la fyllabe que l'on a déja commencée de chanter, pour aller joindre l'autre fyllabe. Il eft encore fort defagreable de joindre un

E

mot suivant avec une syllabe du mot précedent sans respirer.

7. Il faut sçavoir qu'on a égard dans le Chant à trois syllabes, à la derniere, à la penultiéme, & à l'antepenultiéme. Quand un mot n'a qu'une syllabe, on l'appelle *monosyllabe*. Quand le mot est de deux syllabes, alors on les fait toutes deux égales ; & quand le mot a trois syllabes, il faut que la penultiéme soit longue ou bréve : si elle est bréve, l'antepenultiéme est longue. La penultiéme syllabe est celle qui précede la derniere, & l'antepenultiéme précede la penultiéme ; comme en ce mot *Dominus*, *Do* est antepenultiéme, *mi* est la penultiéme, & *nus* la derniere.

8. Il faut encore sçavoir que quand un monosyllabe n'a qu'une Note ou deux, sans qu'il y ait devant lui de virgule, ou de point. : il faut joindre ce petit mot à celuy qui précede comme s'ils ne faisoient qu'un mot, & alors on fait bréve la derniere syllabe du mot précedent.

9. Il faut faire bien longue la Note qui précede la finale d'un Chant ; Que si cette Note étoit bréve, il faudroit faire bien longue sa précedente. De même si la derniere Note est unique sur un monosyllabe, alors on fera la derniere syllabe du mot précedent bréve, & la penultiéme longue ; comme on le verra clairement ci-aprés dans les Tons des Pseaumes.

10. Il faut bien se donner de garde, quand on chante, de faire des mouvemens du corps, comme de lever la tête ou la baisser selon que les Notes haussent ou baissent, ou de tordre les lévres ; car si on contracte ces mauvaises habitudes, on aura bien de la peine à les quitter.

Pour ce qui regarde la conduite de la voix, le plus grand secret que l'on y puisse garder, c'est d'éviter toute sorte d'affectation & de contrainte, comme on fait dans le discours,

qui n'eſt jamais plus beau que lorſqu'il paroît plus ſimple &
plus naturel : ce que marque expreſſément S. Ambroiſe dans
les Offices. Et c'eſt ce qu'a voulu encore marquer S. Auguſtin lorſqu'il dit que la beauté de l'Harmonie conſiſte dans le
mouvement libre qui eſt regle comme il doit être pour arriver
à la fin de la beauté qui lui eſt propre. De là vient que tres-
ſouvent des Perſonnes qui n'ont preſque point de voix nous
charment, quoiqu'elles n'ayent rien de recommandable que
cette liberté & cette proportion dont nous parlons.

Ambroſ.
Offic. lib. 1.
c. 4 & 18.
Auguſt.
M. ſic. l. 6.
c. 10.

Il faut ſur tout, ſi l'on veut chanter agreablement, éviter
de rendre ſa voix ou trop ſourde ou trop éclatante. Ce que
l'oreille n'abhorre pas moins, que l'œil fait l'obſcurité & la
trop grande lumiere. Car quand même on garderoit alors
toutes les meſures, on ne laiſſeroit pas de choquer l'oreille,
non par les intervalles du tems, mais par le ſon même, *quod
non temporum intervallis*, (dit S. Auguſtin) *ſed in ipſo ſono.* Enfin il n'y a rien que l'on doive tant conſulter en tout ceci que
l'oreille qui eſt au deſſus des Regles de l'Art même, puiſque
c'eſt elle qui en doit juger.

On fait encore dans le Chant des Ports de voix, qui ſont
comme des liaiſons, qui font qu'on paſſe d'un ton à un autre
en ſoûtenant ſa voix avec une ſi grande douceur, que ceux
qui les entendent ont peine à les reconnoître. Les Tremblemens ſont plus connus : & les Cadences qu'on fait à la fin d'un
Chant commencent d'ordinaire par trois ou quatre Flatte-
mens puis elles finiſſent par des Tremblemens qui font comme
mourir la voix.

Pour toucher les autres, il faut être touché ſoy-même.
Ainſi il eſt vray du Chant comme de l'Eloquence, que l'on ne
peut imprimer les paſſions dans les autres qu'à proportion que

E 2

l'on en eſt revétu. D'où il s'enſuit que pour inſpirer de la devotion, il faut chanter avec une grande pieté & modeſtie. L'on peut voir ce que S. Auguſtin dit dans ſes Confeſſions des ſentimens de penitence qu'imprimerent en lui les Pſeaumes que faiſoit chanter S. Ambroiſe dans l'Egliſe de Milan. Quand l'on chante il faut beaucoup regarder Dieu. C'eſt ſon Eſprit ſaint qui touche les cœurs, & c'eſt lui qui anime nos voix, & qui s'en ſert ordinairement pour les toucher.

§. VI.   *Des Tons en general.*

LE Chant ſe gouverne par les regles des Tons. Auparavant que d'en parler il faut ſçavoir ce que c'eſt que *Ton*, combien il y a de Tons, & quelles ſont les regles par leſquelles on peut connoître chaque Ton.

Le nom de *Ton* dérive du Grec τείνω *tendo*. Les Latins les ont appelez *Tons* à cauſe qu'on les connoit par leur étenduë, qui eſt ordinairement bornée par l'Octave.

Les Grecs les appellent *Modes* Τρόποι, parceque ce ſont des manieres de chanter qui ont leur ordre particulier, & leurs retours ſur de certaines cadences par leſquelles on les connoit ordinairement.

Pour bien commencer une Piéce il faut connoître de quel Ton elle eſt; & pour cela il faut avoir recours aux Regles que nous en allons donner ci-aprés; quoiqu'aujourd'hui la plûpart de ceux qui compoſent le Plein-Chant ne paſſent que trop ſouvent les juſtes bornes, & ſe donnent bien plus de liberté que les Anciens qui auroient crû avoir commis un crime s'ils euſſent paſſé les Regles qu'ils s'étoient preſcrites.

II

Il faut donc ſçavoir que ce mot *Ton* eſt pris en trois differentes manieres.

Premierement il eſt pris pour Voix, comme ſi on dit à quelqu'un : *Prenez à mon ton*, c'eſt-à-dire, à même voix que moy.

Secondement, pour la diſtance d'entre deux voix ou Notes formées par l'élevation ou inflexion de la voix, & c'eſt ſa veritable ſignification.

Troiſiémement, pour Mode, façon, ou maniere de chanter par laquelle on diſtingue un Chant d'un autre, ſelon les regles ſuivantes.

---

§. VII. *Des huit Tons, ou Modes.*

TOVT le Chant ſe reduit à huit Tons. Ces *huit Tons* n'ont point de nom particulier, mais on les appelle, *premier*, *ſecond*, *troiſiéme*, &c.

Ils ſe connoiſſent & ſe diſtinguent par deux Notes, dont l'une s'appelle *Finale*, & l'autre *Dominante*.

La *Finale* eſt celle qui termine & finit ce qui ſe chante.

La *Dominante* eſt celle ſur laquelle, ou autour de laquelle, le Chant inſiſte principalement, & à laquelle les autres Notes ſemblent vouloir toûjours retourner.

Pour connoître ces huit Tons en particulier il faut ſçavoir la Finale & la Dominante de chaque Ton, dont voici des exemples. *F* marque la Finale, & *D* la Dominante.

F

Finales & Dominantes des huit Tons.

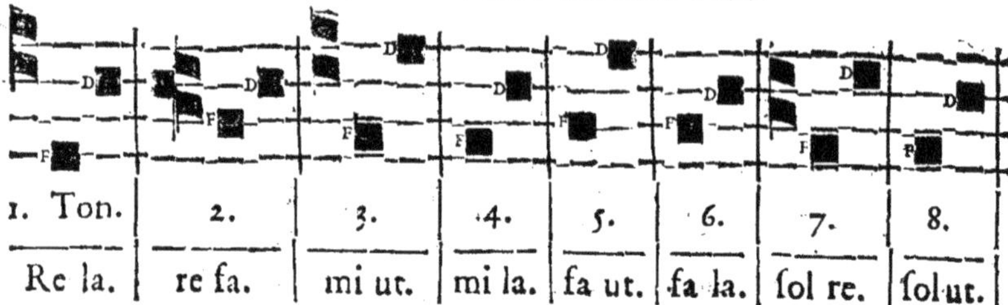

Pour ces huit Tons il n'y a que quatre Finales, à sçavoir

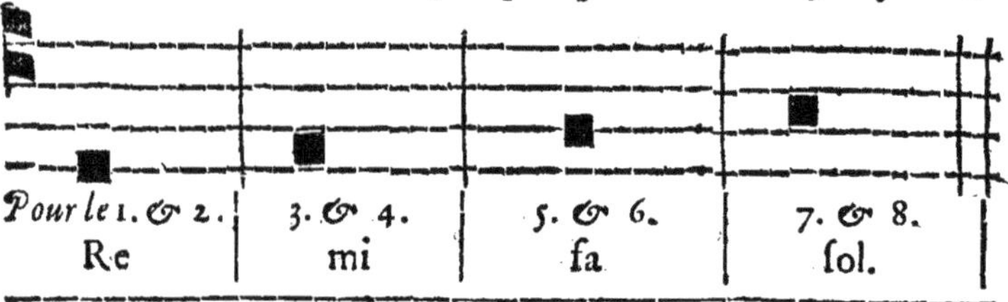

Avec ces quatre Finales on juge de quel Ton est ce que l'on chante.

Il faut sçavoir aussi que de ces huit Tons il y en a quatre qu'on appelle *impairs*, & quatre *pairs*.

Les Tons *impairs* sont le 1. 3. 5. & 7.

Les Tons *pairs* sont le 2. 4. 6. & 8.

Les Tons *impairs* pour l'ordinaire ne descendent qu'une Note au dessous de leur Finale, & peuvent monter d'une quarte au dessus de leur Dominante, & quelquefois une quinte.

Les Tons *pairs* peuvent descendre jusqu'à la quarte au dessous de leur Finale, & quelquefois jusqu'à la quinte; & peuvent monter au dessus de leur Dominante d'une tierce, quelquefois d'une quarte.

On met ici six Vers pour retenir plus aisément les Dominantes & Finales.

Pour bien regler ta voix & la rendre sçavante,
Prens ici des huit Tons Finale & Dominante
Un. re la ; Deux. re fa ; Quat. mi la ; Trois. mi ut ;
Cinq. fa ut ; Six. fa la ; Sept. sol re ; Huit. sol ut.
*Sçache que tout Impair * monte huit , descend deux ;*
Le Pair est plus égal , mais bien moins genereux.

** c'est-à-dire, au dessus & au dessous de sa Finale.*

Mais comme il y a des Tons mixtes ou mêlez (principalement dans les Proses) c'est-à-dire, qui tiennent du pair & de l'impair , ou dont une partie est de l'impair , & l'autre du pair ; alors le plus seur est d'en juger par la Dominante sur laquelle ils retomberont plus souvent, & par les Cadences qui sont les plus frequentes. Car s'ils retombent plus souvent sur la quarte ils sont pairs , dits autrement *plagaux* ; comme au contraire ils sont impairs ou *authentiques* s'ils sont plus mêlez de quintes, ou même de tierces dont la quinte est composée.

Les Tons authentiques qui sont les impairs ont quelque chose de grand, de fort, de majestueux ; & les plagaux ou pairs ont un temperamment mêlé de douceur. Dans les impairs les quintes y sont frequentes, & dans les Tons pairs les tierces & les demi Tons y sont fort employez, comme dans le second Ton & le sixiéme.

Il se rencontre dans l'Office de l'année deux Répons qui ont le Verset du 2. Ton, dont l'un est *Omnis pulcritudo* (le Dimanche de l'Ascension pag. 234 du Processionnel de Roüen) qui monte au dessus de la Dominante du second Ton d'une sixiéme. Il faudroit le reduire à la Regle, & en retrencher trois ou quatre Notes en haut ; ou pour mieux faire, il faudroit chanter le Verset du premier Ton, car le Répons en est veritablement. On ne peut chanter ces Répons dans le Ton

du Chœur, parceque la voix humaine n'a pas aſſez d'étenduë pour aller en haut, & comme il le faut rabaiſſer, cela eſt
fort deſagreable; deſorte qu'aprés avoir crié bien haut dans
le Répons, on n'entend quaſi point ceux qui chantent le Verſet: ce qui ſoit dit auſſi à l'égard des autres Tons pairs qui
tomberoient dans le même defaut. Il y a pluſieurs autres Répons qui auroient beſoin de la même correction.

---

§. VIII.   *Marques pour connoître le Ton de chaque Chant.*

IL n'y a pas grande difficulté à connoître de quel Ton eſt
une Antienne lorſqu'elle eſt ſuivie d'un *Euouae*, parcequ'il n'y a qu'à voir la Finale de l'Antienne, c'eſt-à-dire, la
derniere Note de l'Antienne, & la premiere de l'*Euouae* qui
eſt la Dominante, & ainſi on ſçait de quel Ton elle eſt. Mais
la difficulté eſt de connoître de quel Ton eſt une Antienne qui
n'a rien qui la ſuive. Pour cela il faut regarder avant toutes
choſes la Note finale. Si on trouve un *re* à la fin du Chant,
c'eſt un premier ou ſecond Ton; ſi il finit en *mi*, c'eſt un 3 ou
4. Si la Finale eſt un *fa* il eſt du 5 ou 6 Ton, & ſi le Chant
finit par un *ſol*, c'eſt un ſeptiéme ou huitiéme Ton.

Mais il faut bien prendre garde à ne ſe pas tromper aux
Répons & Graduels, & de n'aller pas prendre la Finale du Verſet, au lieu de prendre la derniere Note du corps du Répons,
ou Graduel; c'eſt-à-dire, qu'il faut avoir égard à celle qui
précede le Verſet.

Ayant connu la Finale, on doit ſe ſouvenir (comme j'ay
dit ci-devant) que les Tons impairs ne deſcendent point pour
l'ordinaire au deſſous de leur Finale, mais montent au deſſus
de leur Dominante; & que les Tons pairs au contraire deſ-

cendent

cendent au deſſous de leur Finale, & ne montent gueres au deſſus de leur Dominante : deſorte que ſi le Chant finit en re & qu'il monte pluſieurs Notes au deſſus du *la*, mais qu'il ne deſcende point au deſſous du *re* qui eſt ſa Finale, ſi ce n'eſt d'une Note, alors on peut dire aſſeurément que c'eſt un premier Ton. Si au contraire, il ne monte que d'une Note ou deux au deſſus du *fa*, & qu'il deſcende trois ou quatre Notes au deſſous du *re*, c'eſt un ſecond Ton.

Vous direz la même choſe de tous les autres Tons, en prenant toûjours garde premierement à la Finale, & enſuite à l'étenduë du Chant pour trouver la Dominante.

Mais il y a quelquefois des Antiennes qui n'ont point de Dominante, & alors il faut voir de quelle Dominante elles approchent le plus ; comme par exemple une Antienne finit en *mi*, il faut qu'elle ſoit du 3 ou 4 Ton : Pour diſcerner lequel des deux Tons il lui faut attribuer, il n'y a qu'à voir de laquelle des deux Dominantes elle approche le plus ; ſi par exemple l'Antienne ne paſſe point le *ſol*, elle eſt plûtot du 4ᵉ Ton que du 3ᵉ, parceque le *ſol* eſt plus proche du *la*, que de l'*ut*, qui eſt la Dominante du troiſiéme Ton ; & ainſi des autres Tons.

Mais le plus grand defaut que je trouve dans tout le Chant eſt celui-ci, de trouver un Répons & ſon Verſet de differens Tons : cela ſe rencontre dans pluſieurs Répons, ce qui eſt fort heteroclite. Il ſeroit bon que ceux qui travaillent à la Reformation des Livres d'Egliſe y fiſſent reflexion, & corrigeaſſent ces fautes introduites par l'ignorance des Regles du Chant, en reduiſant ces Chants à la Regle ordinaire.

G

§. IX. *Elevations, Mediations, & Terminaisons des Pseaumes & Cantiques Evangeliques, selon les huit Tons.*

IL y a trois choses à observer dans les huit Tons sur les Pseau-mes & Cantiques, l'*Intonation*, la *Mediation*, & la *Termi-naison*.

L'*Intonation*, ou *Elevation*, est le chant du commencement d'un Pseaume ou Cantique.

La *Mediation* est une certaine composition de Chant qui précede une pause, laquelle se fait au milieu de chaque Verset des Pseaumes & Cantiques, & laquelle il ne faut jamais omettre.

La *Terminaison* est la maniere de finir les Versets du Pseau-me ou Cantique : Elle est ordinairement designée par *Euouae* qui marque les voyelles de *Seculorum Amen*, qui est à la fin de chaque Pseaume.

Il faut sçavoir pour tous les huit Tons, que l'on chante seu-lement le premier Verset avec son Intonation ou Elevation dans tous les Pseaumes & Cantiques, & que tous les autres Versets suivans se chantent droit en commençant par la Do-minante, excepté les trois Cantiques Evangeliques *Benedictus* à Laudes, *Magnificat* à Vêpres, & *Nunc dimittis* à Complies, car en ces trois Cantiques on repete toûjours la même Eleva-tion qu'au premier Verset. On en donnera des exemples afin qu'on ne s'y trompe pas.

Il faudra prendre garde aussi aux Mediations de ces trois Cantiques Evangeliques, lesquelles dans la plûpart des Tons sont differentes de la Mediation des Pseaumes.

Outre les huit Tons reguliers dont nous avons parlé, il y en a deux irreguliers, à sçavoir un quatriéme & un huitiéme.

Le 4. Ton irregulier a pour Finale un *la*, & pour Dominante un *re*; mais il ne doit pas pour cela être chanté plus haut que les autres Tons, car on les reduit tous fur une même hauteur & fur un même fon.

Le 8. Ton irregulier (que plufieurs appellent avec raifon le premier irregulier) a *fol* pour Finale, & *la* pour Dominante.

Il faut encore fçavoir que ces Tons ont des fins differentes, quoiqu'ils n'ayent chacun qu'une même Elevation & Mediation, excepté les 2. 5. & 6. lefquels n'ont chacun qu'une Terminaifon. Les autres ont des Terminaifons differentes felon la diverfité des commencemens des Antiennes, aufquelles nous joindrons dans la fuite les Terminaifons correfpondantes & propres à chacune.

§. X.   1. *T O N.*

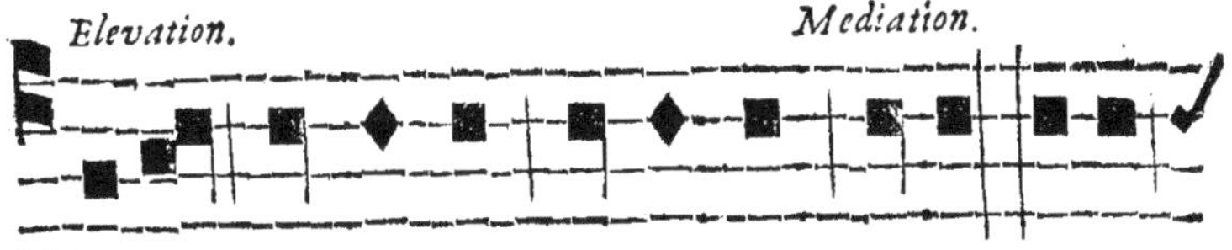

DI xit Dóminus Dómino me o : Sede

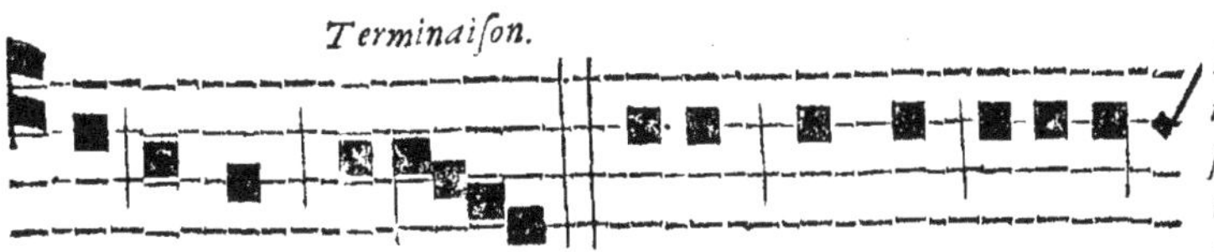

à dextris me is.   Donec ponam ini mí-

Les au-
tres Ver-
fets fe cö-
mencent
par la
Domi-
nante.

cos tu os. &c. Gló ri a Pa tri & Fi li o.
Terminaifons, ou fins differentes du premier Ton.
Euouae.　　Euouae.
Euouae.　　Euouae.
Dans l'Eglʃ
Cathedrale de
Roüen au lieu
de ce dernier,
on chante :
Euouae.　　Euouae.
Pour les Cantiques Evangeliques marquez ci-deffus.
Magníficat. Et exultá vit. Et e réxit.

Il faut

Il faut obferver dans l'Intonation ou Elevation du premier
Ton que fi la feconde fyllabe du Pfeaume eft bréve, on ajoûte
une Note bréve aprés le *fa* qui fera un *fol*,   exemple :

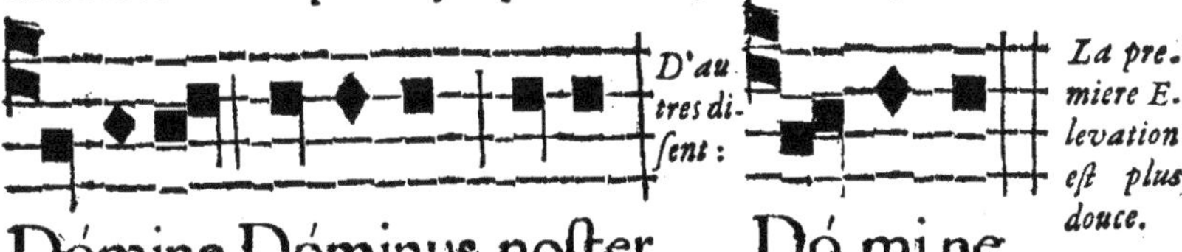

Pour ce qui eft de la Terminaifon il faut encore ajoûter une
Note bréve qui fera un *fol* pour la fyllabe bréve, *exemple :*

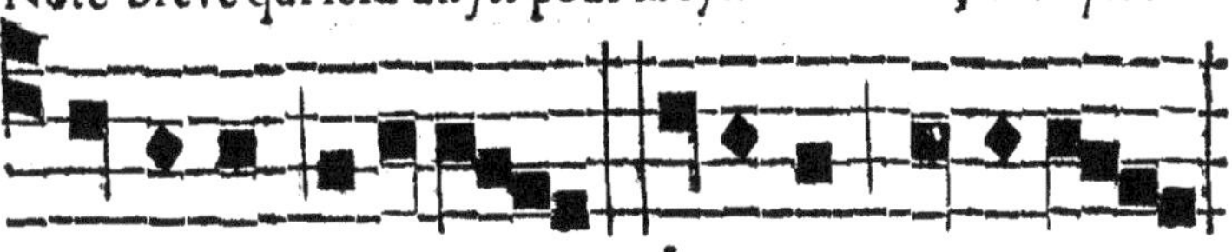

§. XI.   2. *T O N.*

H

Terminaison.

congre ga ti ó ne.

Autre Mediation pour les mots hebreux, grecs, & monosyllabes.

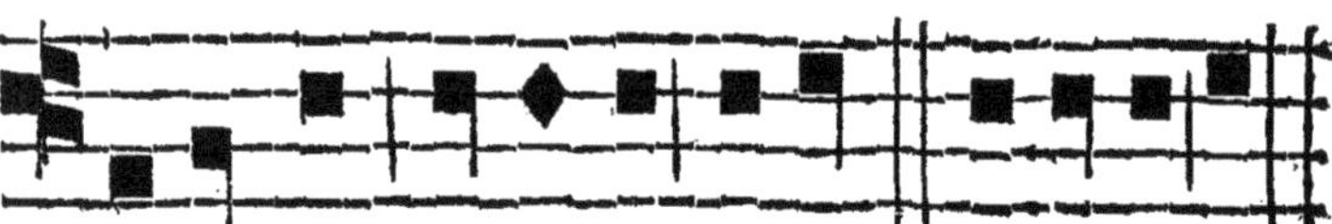

Meménto Dómine David. Indútus eſt.

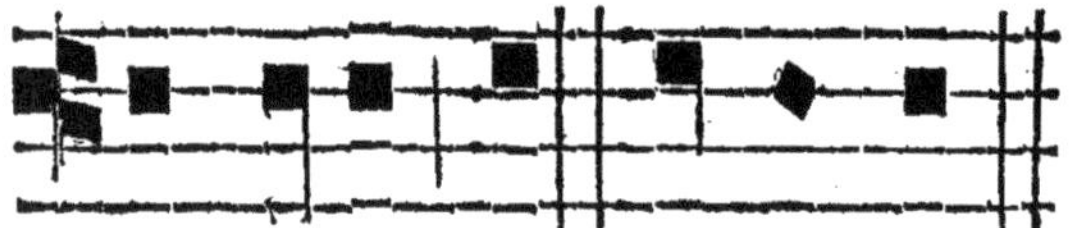

Præ cín xit ſe. Dó mi num.

Quand il y a un mot hebreu, grec, ou monosyllabe à la fin
du Pſeaume, on ajoûte une Note bréve à ſçavoir *ut* devant
ce monoſyllabe, *Exemples.*

Qui cuſtó dit Iſ ráël. Adju va bunt me.

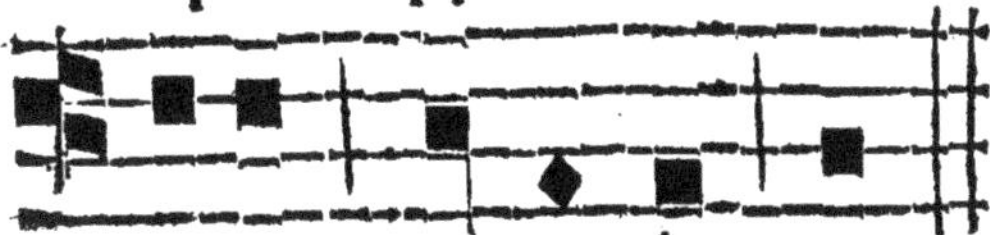

Il faut remarquer que quand la penultiéme du mot qui précede le monosyllabe est bréve, alors on ne fait pas la syllabe qui précede le monosyllabe bréve, parceque pour lors il faudroit faire bréves deux syllabes de suite, ce qui ne se fait point, car toutes fois & quantes qu'une Note est bréve, celle qui la précede doit être longue; c'est pour cette raison qu'on avance la bréve sur la penultiéme du mot qui précede le monosyllabe, comme en ce dernier exemple, *Noster Dóminus est.*

Mais quand il y a à la fin du Verset deux monosyllabes, on n'y a aucun égard, & on suit la Regle generale, comme par exemple,

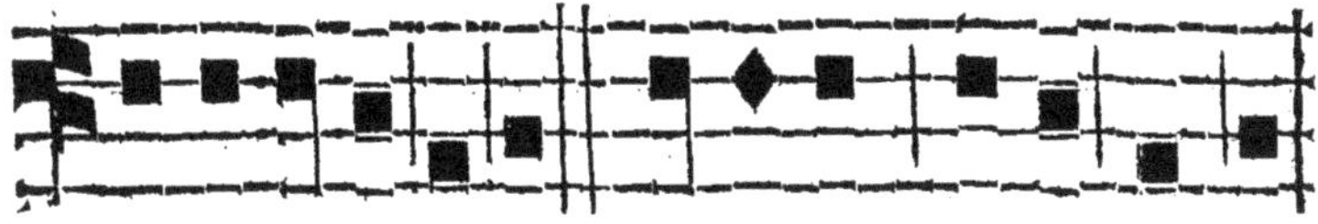

Elevation & Mediation des Cantiques Evangeliques.

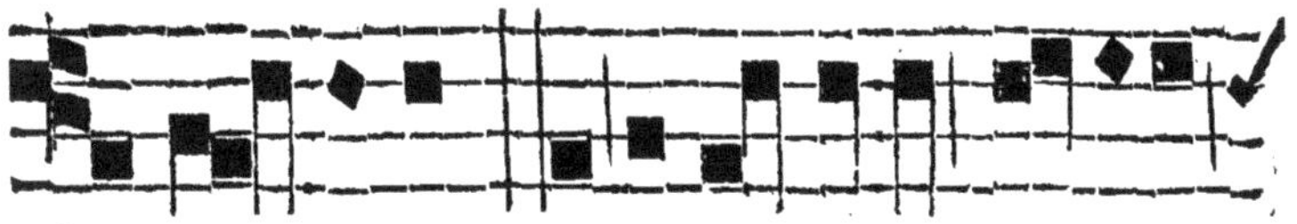

me us. Qui a fe cit mi hi magna qui
po tens eſt. Bene di ctus Dó mi nus,
De us Iſ ra ël.
§. XII. 3. T O N.
Elevation.
Mediation.
BEá tus vir qui ti met Dó mi num: In
Terminaiſon.
man dá tis ejus vo let ni mis.

Credidi

Quand il y a un monofyllabe au milieu du Verfet, on re-
tatde le *re* d'une Note aprés.

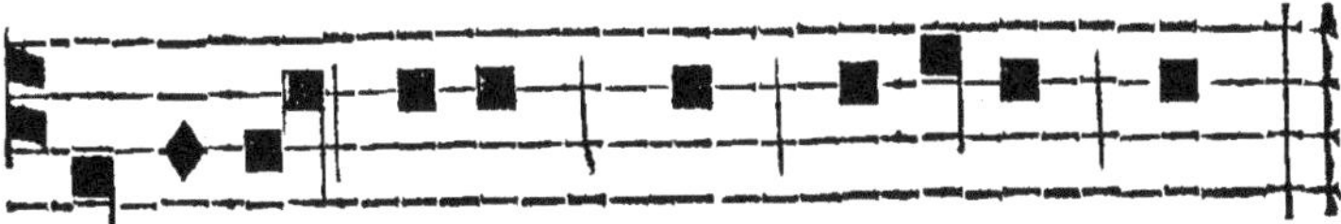

Cré di di pro pter quod lo cú tus fum.

Mais quand cette Note eft bréve, on ne peut la retarder ;
exemple.

Qui trí bu lant me.

Il faut fçavoir generalement pour tous les Tons, qu'on ne
chante jamais la Note d'élevation de la Mediation fur la derniere fyllabe d'un mot, mais qu'il faut l'anticiper fur la penultiéme ; ou fi la penultiéme eft bréve, encore fur celle qui la
précede ; comme il eft clair par cet exemple qui fuit, où on
devroit chanter le *re* fur la derniere fyllabe de *Beneplacita*, &
neanmoins on anticipe fur *plá* pour les raifons que nous venons de dire.

Be ne plá ci ta fac Dó mi ne.

I

L'Elevation & Mediation des trois Cantiques eſt ſemblable
à celle des Pſeaumes.

Ce dernier Verſet, comme auſſi tous ceux qui n'ont qu'un mot ou deux juſques à la Mediation, ſe commence par la Note de la Mediation.

Quod pa rá ſti.

Bonus es tu. Juſtus es Dómine.

§. XIII.   4. *T O N.*

Il faut remarquer qu'au 4. Ton au deſſus du *la* on dit *ſi.*

Elevation.   *Mediation.*

LAU dá te púe ri Dó minum: Laudá te

Terminaiſon.

no men Dó mi ni.

Les mots hebreux, grecs & monoſyllabes ont cette Mediation.

In converténdo Dóminus ca pti vi tá-

tem Sion. Iſraël. Indútus eſt. Ierú ſalem. David. Éphra ta.
Terminaiſons, ou Fins differentes du 4. Ton.
Euouae. Euouae.
Les deux ſuivans
ſe chantent com-
me le précedent
dans l'Egliſe Ca-
thedr. de Roüen
& pluſieurs au-
tres.
Euouae. Euouae.
Euouae. Euouae.
Elevation

Elevation & Mediation des trois Cantiques Evangeliques.

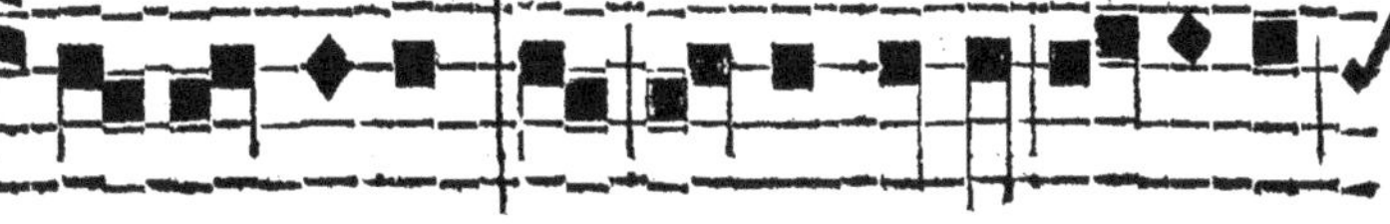

Ma gni fi cat. Et e xul tá vit fpí ri tus

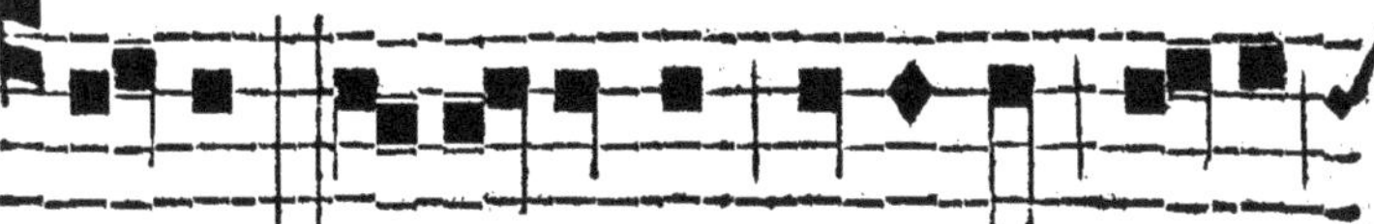

me us. Be ne díctus Dóminus De us

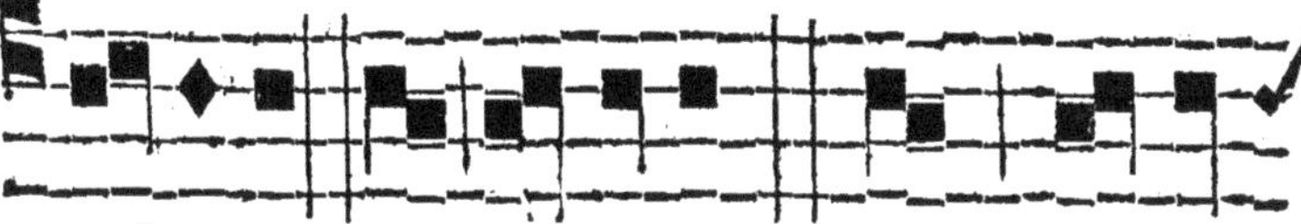

If ra ël. Et e ré xit. Nunc di mít-

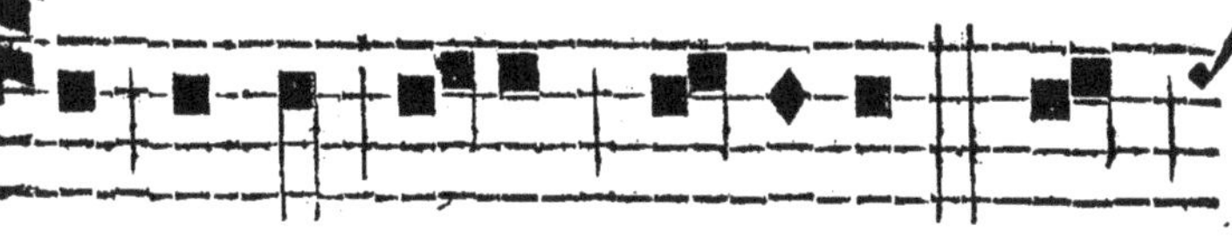

tis fervum tu um Dó mine. Quod

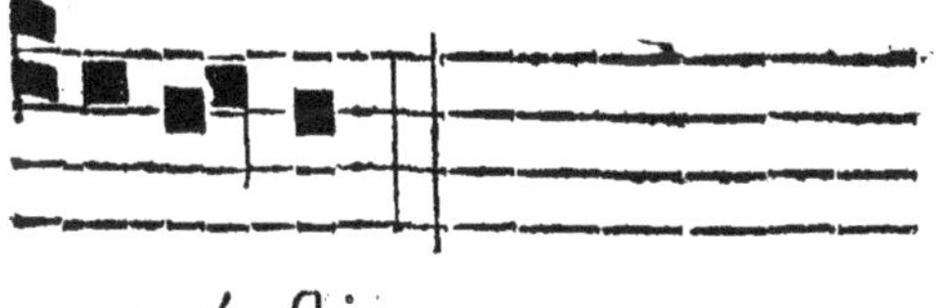

pa rá fti.

K

§. XIV. 4. T O N irrégulier.

DE profúndis clamávi ad te Dómine.

Euouae.

Les mots hebreux, grecs & monofyllabes ont cette Mediation.

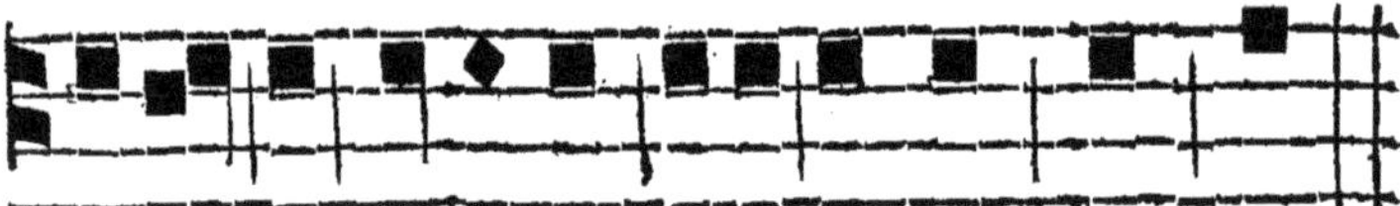

Deus in nómine tuo falvum me fac.

Ie rú fa lem. Ifra ël.

Terminaisons , ou Fins differentes du 4. Ton irrégulier.

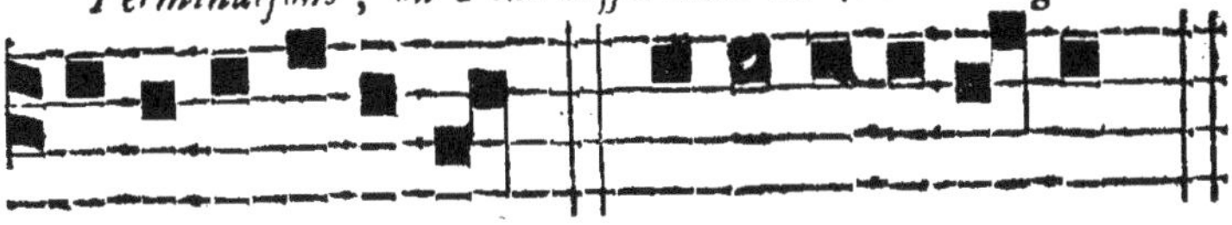

Euouae. Euouae.

Euouae.

Autre Elevation , Mediation & Terminaison.

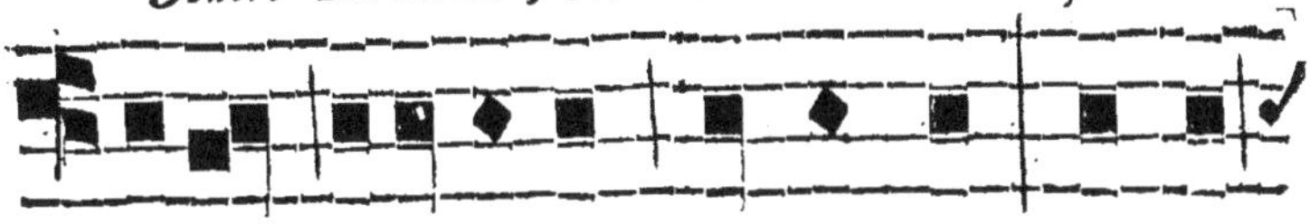

Lau da Ie rú salem Dó minum : Lauda

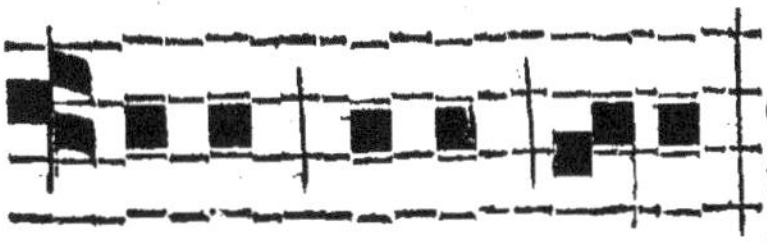

On reprend ensuite l'Antienne au même Ton.

De um tuum Si on. Lauda, &c.

Elevation & Mediation sur les Cantiques Evangeliques.

Magníficat. Et e xul tá vit spí ri tus

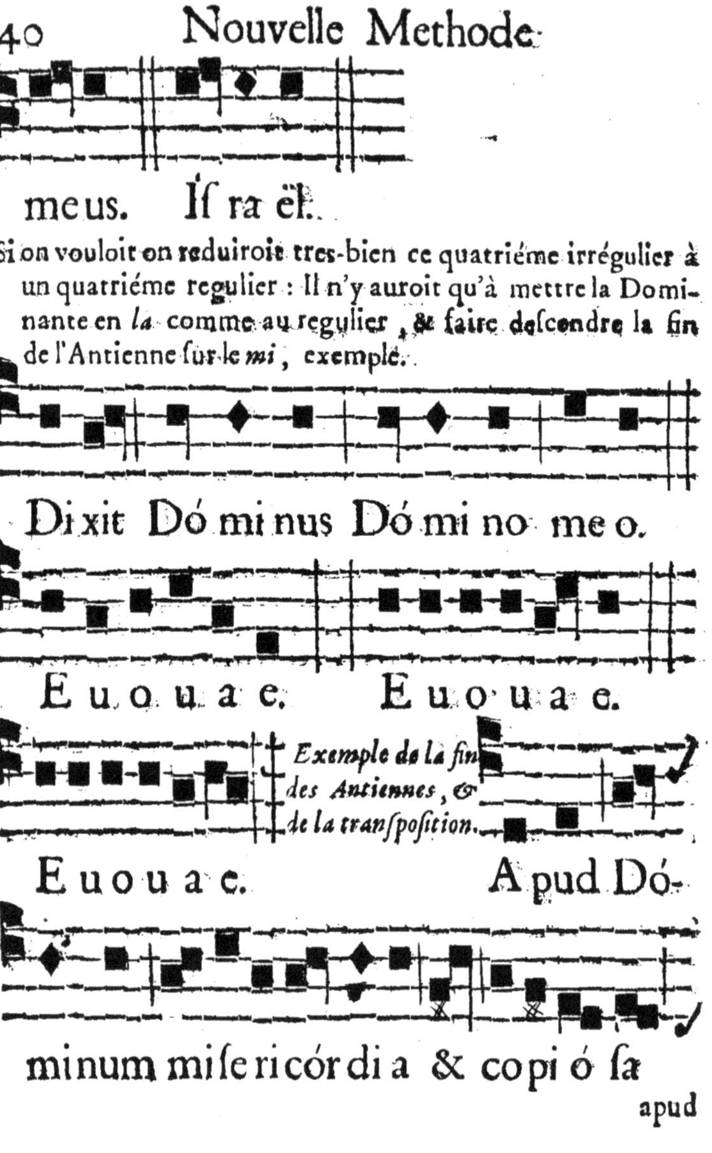

Si on vouloit on reduiroit tres-bien ce quatriéme irrégulier à
un quatriéme regulier : Il n'y auroit qu'à mettre la Dominante en *la* comme au regulier , & faire deſcendre la fin
de l'Antienne ſur le *mi* , exemple.

minum miſe ri cór di a & copi ó ſa

On pourroit encore de même reduire au Ton regulier celui qui va suivre si on mettoit la Dominante en *la*, & si on
reprenoit aprés le Pseaume l'Antienne en *mi* avec la Neume
du 4 Ton regulier, cela feroit un bon effet, & il n'y auroit
aucune difficulté à prendre le Chapitre en ton du Chœur.　Il
faudroit neanmoins observer que la Mediation se fît tout
droit. *Exemple.*

L

§. XV. 5. *TON.*

Il faut encore remarquer que jamais on ne chante le *re* de la Finale sur la derniere syllabe d'un mot, ou sur une bréve, mais il faut anticiper, *Exemples:*

Peſtiléntiæ non ſedit. Die ac noĉte.

Tuum in pa ce. Tuum in pace.

Quand il y a un mot hebreu, grec, ou monoſyllabe,
on ajoûte un *la* à la fin. *Exemple.*

Et e xau dí vit me. Ta ber ná cu lum

Deo Ia cob.

Elevation & Mediation des trois Cantiques Evangeliques.

Magníficat. Et e xul tá vit ſpí ritus meus.

Les monoſyllabes, les mots hebreux & grecs ont cette Mediation.

Quand le Verſet n'a qu'un mot ou deux devant la Mediation, on ne ſe ſert point de l'Elevation, *Exemple*.

§. XVI. 6. *TON*.

Quand la penultiéme du Verſet eſt bréve, & aux mots hebreux, grecs, & monoſyllabes, on ajoûte un *fa*, & quelquefois, deux.

Deo

Mais comme il ne fe trouve point dans les Livres de Chant
de cette Eglife, il eſt à croire qu'il a été introduit afin de
n'être pas ſi long-tems à chanter l'Office. Il vaut mieux s'at-
tacher à la Regle.

M

§. XVII.   7. *TON.*

LAudáte Dóminum omnes gentes.

Quand le Verſet eſt trop court on commence par la Mediation, *Exemple.*

Quorum fí li i.

Quand la ſyllabe de la Mediation eſt bréve, on ajoûte un *fa.*

A un monoſyllabe on ne dit qu'un *fa* à la Mediation, *Exemple.*

Dómino meo.

Indútus eſt. Locútus ſum. Ierúſalē. Iſraël.

Terminaiſons, ou Fins differentes du 7. Ton.

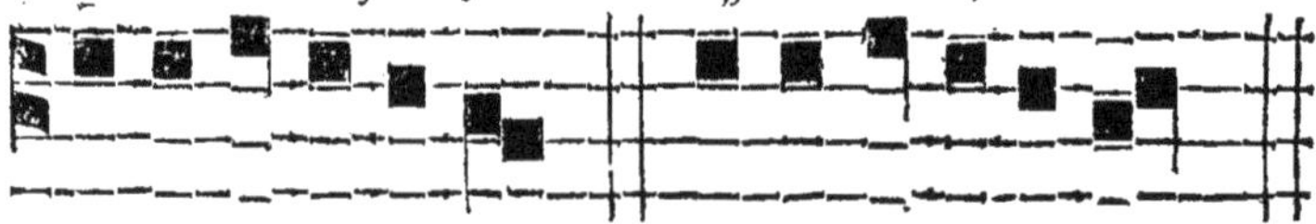

Euouae.   Euouae.

Euouae.   Euouae.

Euouae.   Euouae.

On ne chante point le *mi* de la Terminaison fur une bréve , mais on anticipe d'une Note , & on ajoûte un *re* ; &
s'il fe rencontre encore une bréve fur l'*ut* , on en ajoûte encore une , *Exemples.*

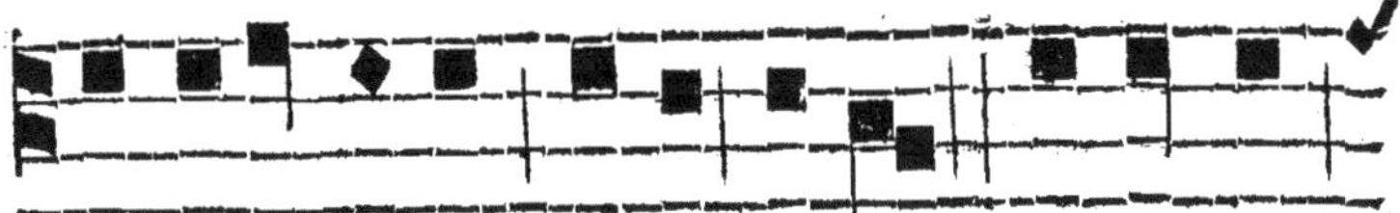

Elevation & Mediation des trois Cantiques Evangeliques.

§. XVIII. 8. *T O N.*

Cùm invocárem exaudívit me De us

justítiæ

Mediation.

Les mots hebreux, grecs & mono-syllabes ont la Mediation suivante.

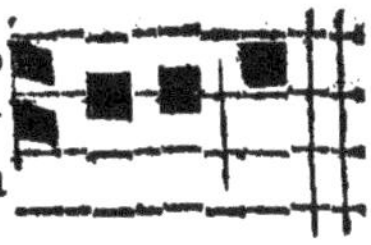

ju stí ti æ me æ.

Meus rex.

Indútus est. David. Sion. Israël. Ie rúsa lē.

Terminaisons differentes.

Euouae. Euouae. Euouae.

Aux mots he-breux, grecs & monosyllabes, on ajoûte un *fol.*

Et exaudívit me. Deo Iacob.

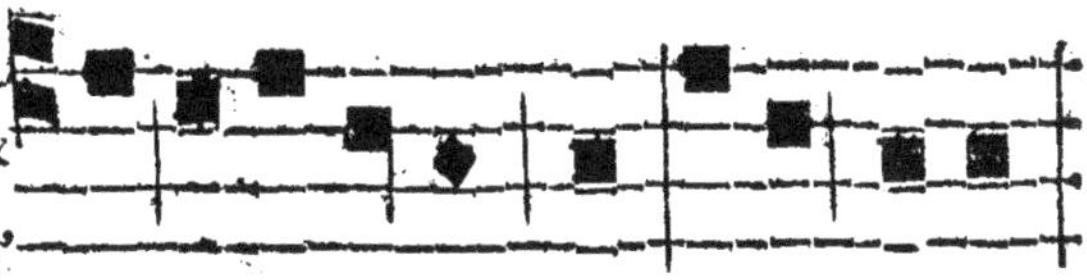

Elevation des Cantiques Evangeliques.

Magní fi cat. Et e xul tá vit spí ri tus

N

Afin de bien comprendre tout ce que nous avons marqué
ci-deſſus, il faut ſçavoir qu'il y a de deux ſortes d'Elevations:
L'une qui eſt appelée ſimple qui ſe fait aux Pſeaumes de David
& autres Cantiques ; l'autre qui eſt ſolemnelle , & qui s'obſerve
aux Cantiques Evangeliques *Benedictus* , *Magnificat* , & *Nunc
dimittis* , laquelle Elevation ſolemnelle ne laiſſe pas d'être ſemblable en quelques Tons à la ſimple. En la ſimple Elevation le
premier Verſet ſeulement eſt entonné comme il eſt marqué ;
& les autres commencent au ton de la Dominante ; mais dans
l'Elevation des Cantiques Evangeliques chaque Verſet doit
être entonné ſolemnellement comme le premier.

Dans le Symbole *Quicumque* à Prime on éleve la voix un ton
plus haut au Verſet *Qui paſſus eſt* , & on continuë dans cette
même élevation juſqu'à la fin.

Quant à la Mediation de chaque Ton elle s'obſerve comme
elle eſt marquée ci-devant ſelon la Note dominante , excepté
aux monoſyllabes , mots hebreux , & grecs , à la derniere ſyllabe deſquels il faut donner un accent aigu & qui monte en
haut , hors le 1. le 3. & le 6. Ton. Ce qui ſe doit pratiquer ſeu-

lement au chant des simples Pseaumes, & non des Cantiques Evangeliques, excepté le cinquiéme, & le huitiéme irrégulier.

<hr>

§. XIX. *Dissertation sur le 8. Ton irrégulier.*

QVelques Auteurs modernes ont voulu que cet irrégulier fût censé du 8. Ton à cause de l'Antienne qui finit en *sol*, & c'est aussi pour cette raison qu'ils lui ont attribué la Neume du 8. Ton. Mais (comme il est aisé de remarquer) cela ne s'accorde gueres avec la Dominante du Pseaume qui est *la*, à laquelle Dominante on doit toûjours avoir égard. La Dominante du 8. Ton est un *ut* sur la Clef, & la Dominante du Pseaume est *la* sur la ligne au dessous, & la Finale du Pseaume est *re*, ce qui ne peut s'accorder avec le 8. Ton. De plus, la Neume du 8 Ton qu'on ajoûte à l'Antienne est si dissonante, & ôte tellement le ton de la Dominante du Pseaume, qu'à peine peut-on prendre le vray Ton du Chapitre suivant. C'est pour éviter ces inconveniens que les anciens Auteurs l'ont attribué avec l'Antienne au premier Ton, parceque le Pseaume a pour Dominante *la*, & pour Finale *re*, comme le premier ; Et pour ce qui est de la fin de l'Antienne qui finit en *sol* ils la faisoient descendre d'une quarte sur le *re*, comme un premier, & lui donnoient aussi la Neume du premier Ton. Aprés quoy il seroit tres-facile de prendre la Dominante pour le Chapitre ou le Pseaume suivant, & c'est ce qui se pratique encore aujourd'hui à Paris.

Exemple de ce que nous venons de dire :

Neume du premier Ton.

Le Chapitre ſe prendroit au ton du *la* qui ſeroit ſa Domi‑
nante.

On voit quel avantage & facilité cela apporteroit dans
le Chant, ſi on tranſpoſoit la fin de l'Antienne de cet irrégu‑
lier, & ſi on la faiſoit du 1. Ton ; comme auſſi ſi on reduiſoit
le 4. irrégulier à la regle du regulier, ce qui eſt tres‑aiſé,

comme

comme on l'a fait voir par les exemples que l'on en a donnez ci-devant. On ne doit pas neanmoins le faire à moins que le Curé de la Paroiſſe & les autres Eccleſiaſtiques ne le trouvent à propos ; car ſans cela en voulant introduire une regle pour éviter une eſpece de cacophonie, on tomberoit dans une bien plus grande ſi les uns chantoient d'une façon, & les autres d'une autre. C'eſt-pourquoy à moins qu'on ne ſoit d'un commun accord ſur cela, il vaut mieux ſuivre l'uſage des Egliſes où l'on eſt.

Lorſqu'on a chanté un huitiéme irrégulier, ou un quatriéme comme *Lauda Ieruſalem*, on prend le Chapitre ſuivant, ou l'Oraiſon, d'un ton plus haut que la Finale de l'Antienne ou Neume.

O

Les mots hebreux, grecs & monofyl-labes ont cette Me-diation.

§. XX.　Neumes des huit Tóns fur les Antiennes.

EN chaque Ton il y a une Neume propre, qui eſt une me-lodie laquelle ſe fait à la fin des Antiennes, & qui ſe finit au ton de la derniere Note de l'Antienne qui la précede. Voici

comme elles se pratiquent dans le Diocese de Roüen, en
faisant toûjours longue la penultiéme Note. *F* marque la
Finale de l'Antienne.

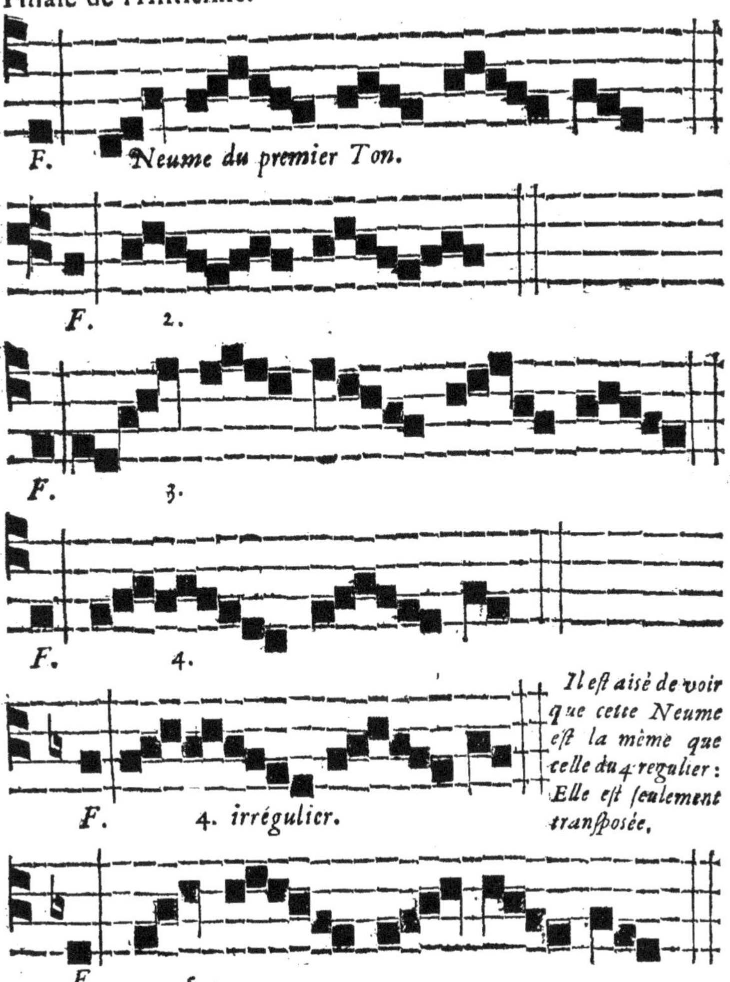

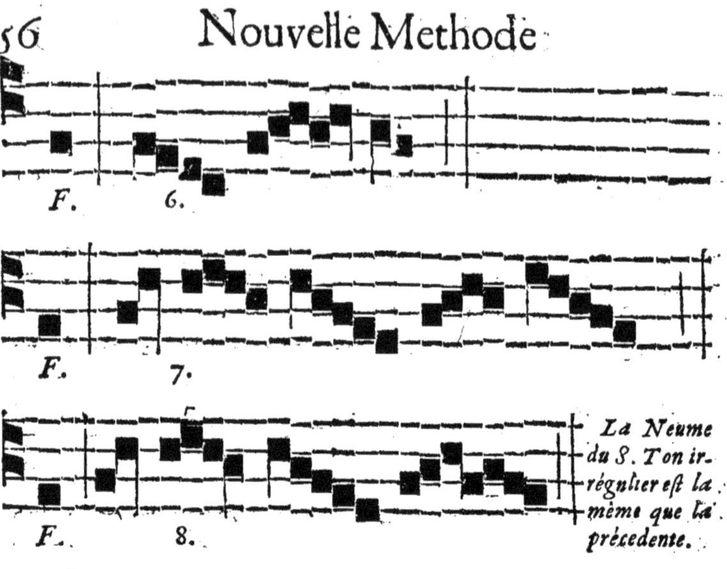

§. XXI. *Diſſertation ſur les Tons tranſpoſez, tant dans les Pſeaumes, que dans les Répons & Graduels.*

COmme les Diéſes, & le B mol ſur les lignes n'étoient point en uſage dans le Plein-Chant, comme dans la Muſique, on a été quelquefois obligé de tranſpoſer certains Chants pour adoucir quelques Notes que la ſcituation rendoit trop rudes, & qui bleſſoient l'oreille. Ceux qui ſont tranſpoſez à cauſe de cette dureté doivent être reçûs ; mais tous les autres qui ne tombent point dans cet inconvenient devroient être reduits à la regle commune, afin de ne point embaraſſer ceux qui ne ſont pas encore tres-parfaits dans la Science du Plein-Chant.

Tous les Tons peuvent être tranſpoſez, excepté le ſeptié-me que je n'ay point encore vû tranſpoſé ; (car on ne parle

point

point ici des Tranſpoſitions qui ſe font ſur l'Orgue, on en par-
lera en leur lieu.) De tous ces Tons celui qui ſe rencontre le
plus ſouvent tranſpoſé eſt le ſecond ; il eſt même neceſſaire de
le tranſpoſer quand il deſcend le *ſol* au deſſous de ſa Finale,
parceque où il faut dire un *za*, s'il n'étoit point tranſpoſé, il
faudroit chanter un *ſi*, ce qui feroit une dureté dans le Chant,
& le *za* en cet endroit eſt beaucoup plus agréable.

On pourroit s'étendre ſur la tranſpoſition de chaque Ton,
& en donner des Exemples ; mais on ſe contentera d'en faire
connoître les Finales & les Dominantes, afin que ceux qui
chanteront ces chants tranſpoſez puiſſent diſcerner leur Ton
ou Mode, & puiſſent s'accommoder à la Dominante du
Chœur. Quand on les ignore, on les prend ordinairement ou
trop haut, ou trop bas.

Le 1. Ton tranſpoſé a pour Finale le *la*, & le *mi* au deſſus de
la clef d'*ut* pour Dominante. Et il faut ſçavoir que ce *la*, *mi*,
eſt chanté de même que *re*, *la*, au deſſous de la Clef.

Le 2. tranſpoſé a pour Finale *la*, & *ut* ſur la Clef pour Dominante, parceque *la*, *ut*, ſe chante de même que *re*, *fa*.

Le 3. tranſpoſé a pour Finale *la* par B mol, & pour Dominante *fa* au deſſus de la Clef d'*ut*.

Le 4. tranſpoſé a la Finale en *la*, & la Dominante en *re* au
deſſus de la Clef, nous en avons parlé ci-devant, & nous
avons montré qu'il étoit facile de le reduire à la regle du 4 Ton
regulier.

Le 5. tranſpoſé doit avoir pour Finale le *za*, & pour Dominante le *fa* au deſſus de la Clef d'*ut*.

Le 6. tranſpoſé a pour Finale l'*ut* ſur la Clef, & pour Dominante le *mi* au deſſus ; & *ut*, *mi* ſe chante, comme *fa*, *la*.

Le 8. tranſpoſé a ſa Finale *ut* ſur la Clef, & le *fa* au deſſus pour Dominante. Il a auſſi quelquefois le *fa* d'en bas au deſſous de la Clef pour Dominante, & *ut* tout bas pour Finale, comme à l'Hymne *Te lucis* des doubles.

Exemples des Finales & Dominantes des Tons tranſpoſez.

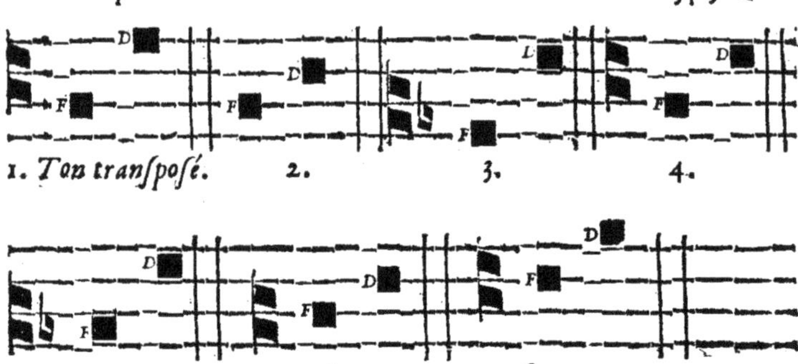

1. *Ton tranſpoſé.*   2.   3.   4.

5.   6.   8.

Tous ces Tons tranſpoſez peuvent ſe rencontrer dans les Pſeaumes, Répons & Graduels, quoique les Pſeaumes ſoient tres-rarement tranſpoſez, ſi ce n'eſt le 2. le 4 & le 6.

Il faut avoüer que la tranſpoſition eſt quelquefois neceſſaire, comme dans les Répons *Ite in orbem*, & *Gaude Maria virgo*, qui ſont tous deux du ſixiéme Ton. Il eſt conſtant que s'ils ne ſont tranſpoſez, ſçavoir la Finale en *ut* ſur la Clef, & la Dominante en *mi*, on ne chantera rien qui vaille. Ce qui ſe peut voir clairement dans l'Antiphonier de Roüen où ils ſont tranſpoſez & tres-bien notez, au lieu que dans le Proceſſionnaire il eſt impoſſible de les pouvoir chanter ſi on s'attache à la Note; il s'y rencontre pluſieurs duretez inſupportables, & que l'oreille ne peut ſouffrir, c'eſt-pourquoy il les faudroit corriger dans les Proceſſionnaux conformément aux Antiphoniers.

§. XXII. *Convenance des Terminaisons des Pseaumes avec les Antiennes.*

Aprés avoir parlé des huit Tons ou Modes sur les Pseaumes avec leurs differences, il faut apprendre quelles sortes de Terminaisons conviennent aux Antiennes, ce qui ne sera pas de peu d'usage, puisque par ce moyen lors qu'on entendra élever une Antienne on sçaura non seulement quel Ton ou Mode il lui faudra attribuër; mais encore quelle sera sa Terminaison. Cela servira aussi à corriger les fautes qui se rencontrent dans les Livres de Chant.

Voici des Exemples qui conviennent à chaque Terminaison.

§. XXIII. *Exemples des Antiennes du 1. Ton.*

Exemples.

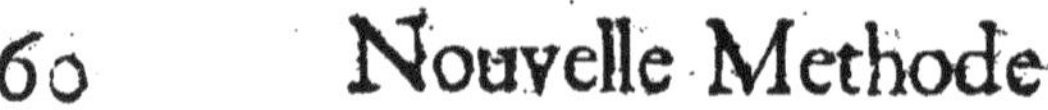

Ant. Poſtulávi Patrem meum. Ant. O be-

á tum pontí ficem. Fíliæ Ierú ſalem.

Fí li i hóminum. Sint lumbi veſtri.

Elles ont
cette Ter-
minaiſon.

Euouae.

Exemples.

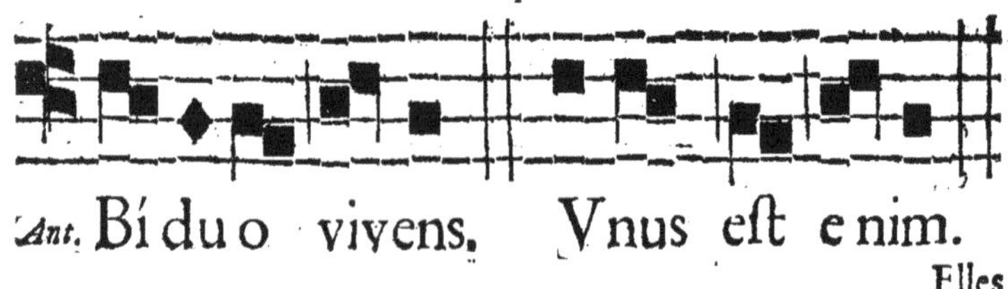

Ant. Bí duo vivens. Vnus eſt enim.

Elles

Elles ont cette Ter-minaison :
E u o u a e.
Exemples.
Ant. Speci ó sus. Ant. Pe trus. Ant. In le-
ge.
Elles ont cette Ter-minaison.
E u o u a e.
Exemples.
Ant. Lóquere Dómine. Angelus Dómini.
Ant. Ecce tu pulcra es. Te, Románe.

Q

Ant. Virgo pru den tif fi ma. A défto.
Euouae.
Exemples.
Ant. Vidi turbam magnam. Tecum prin-
cí pi um. Collí gi te. Gló ri a tibi
Trínitas. Ant. Domus me a. Ant. Dó mi ne.

Ant. Eſtóte fortes. Volo pater. Véni et.

L'Antienne *Domus mea* doit avoir la Terminaiſon en haut comme ces autres Antiennes, quoique l'Antiphonier de Roüen la marque du premier en bas en la page 261. c'eſt une faute qu'il faudroit corriger. Toutes ces Antiennes ont la Terminaiſon ſuivante.

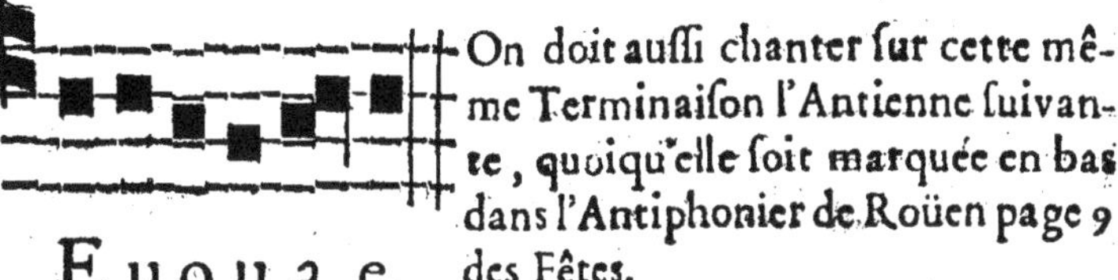

On doit auſſi chanter ſur cette même Terminaiſon l'Antienne ſuivante, quoiqu'elle ſoit marquée en bas dans l'Antiphonier de Roüen page 9 des Fêtes.

E u o u a e.

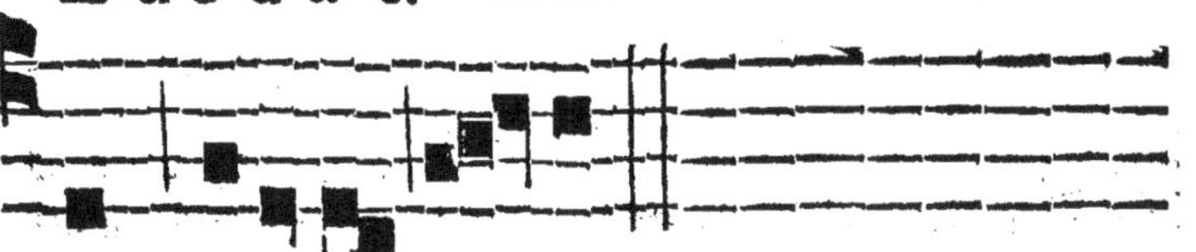

Stans be á ta A gnes.

Voilà toutes les ſortes d'Antiennes du 1. Ton ou Mode qui demandent leurs Terminaiſons differentes telles qu'elles ſont ici marquées, car l'Elevation & la Mediation ſont toûjours les mêmes.

§. XXIV. *Exemples des Antiennes du 2. Ton.*

Ant. Génuit puérpera. Sana Dómine.

Ant. Ibat Iesus. Miserátor. Angelórum.

Ant. Ecce tu is. Míchaël Archángele.

Terminai-
son unique
pour tou-
tes ces An-
tiennes.

Crédimus Christū. Euouae.

§. XXV. *Exemples des Antiennes du 3. Ton.*

Ant. Quando natus es. Hæc est quæ nes-
civit.

Cette espece
a cette Ter-
minaison.
cí vit.
E u o u a e.
Exemples.
Ant. Pin guis. Homo quidam. Su per
Leur Ter-
minaison
est.
nos.
E u o u a e.
Exemples.
Ant. Qui de ter ra est. Decus ur bis.
Elles ont
cette Ter-
minaison.
E u o u a e.

R·

Ce qui fait que ces Antiennes ont cette Terminaison qui descend jusques au *mi*, est qu'elles descendent souvent vers leur Finale, & semblent y vouloir toûjours retourner, & ont aussi la cadence de *la*, *mi*.

Exemples.

Leur Ter-
minaison
est :
rex.
E u o ú á é.
§. XXVI. Exemples des Antiennes du 4. Ton.
Lú mi ne. San cta Ma rí a. Te
in vo cá mus. Si cut no vél læ o-
li vá rum. Tanto témpo re. Glo-
ri fi cá tus. Mi ri fi cá vit.

Quand les Antiennes commencent par *fa*, elles ont cette Terminaison.

Quand elles commencent par *ut*, leur Terminaison finit en *re.*

Exemples.

Quand elles commencent par *re*, leur Terminaison retourne au *fa.*

Exemples.

a quá rum.   E u o u a   e.
Exemple.
Cette efpece a la Terminaifon fuivante.
Ant. Quicúmque.
E u o u a   e.
Exem-ples.
Elles ont la Terminaifon fuivante.
Ant. In prole ma ter. Imple at.
E u o u a   e.
Exem-ples.
Ant. A vi ro i níquo.
Elles ont cette Terminaifon :
Fi dé li a.
E u o u a   e.

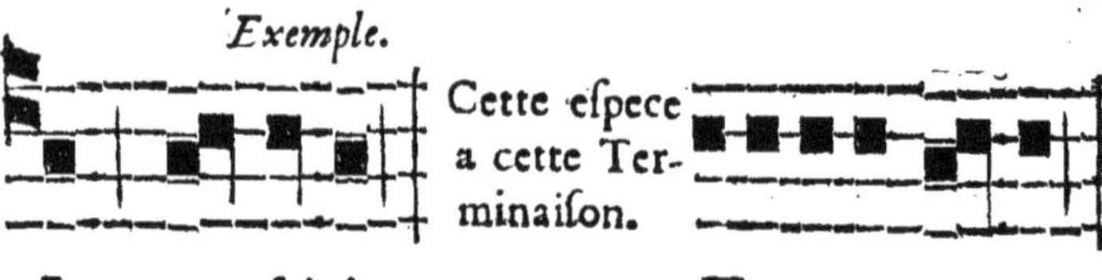

Au lieu de ces deux dernieres Terminaisons l'on chante tout
droit dans l'Eglise Cathedrale & dans plusieurs autres Eglises
de Roüen.

§. XXVII. *Exemples des Antiennes du 4. Ton irrégulier.*

Quand l'Antienne commence par *ut*, la Terminaison de-
meure sur le *la*.

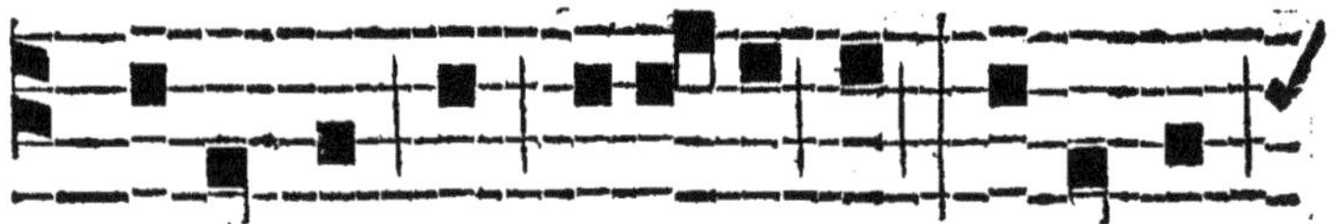

Quand l'Antienne commence par le *sol*, la Terminaison
remonte à l'*ut*.

Ant. Stetit Angelus. Sicut myrrha e lé-
Ter-
minai-
son :
Exem-
ples.
ĉta. Euouae. Ant. Si on.
Ter-
min.
Factus sum. O mors. Euouae.
Exemples.
Ant. Ex quo fa ĉta est. Ex Æ gy pto.
Leur Ter-
minaison
est :
Exem-
ples.
Euouae. Ant. Clamávi.

Elles ont
cette Ter
minaison.

Et omnis. Lauda.   Euouae.

§. XXVIII. *Exemples des Antiennes du 5. Ton.*

Ant. Omnis vallis im plé bitur. Ec clé-

si æ. Laudem dí ci te. Qui pa cem.

I de o pe tí vi. E le vá mini. Alle-

Toutes ces Elevations
d'Antiennes n'ont
que cette Termi-
naison unique.

lú ia.   Euouae.
§. XXIX.

§. XXIX. *Exemples des Antiennes du 6. Ton.*

T

§. XXX. *Exemples des Antiennes du 7. Ton.*

Quand les Antiennes commencent par *sol*, leur Terminaison descend au *la*.

Exemples.

Les Antiennes précedentes & celles qui commencent par *re* ont la Terminaiſon ſuivante.

E u o u a e.

Exemples.

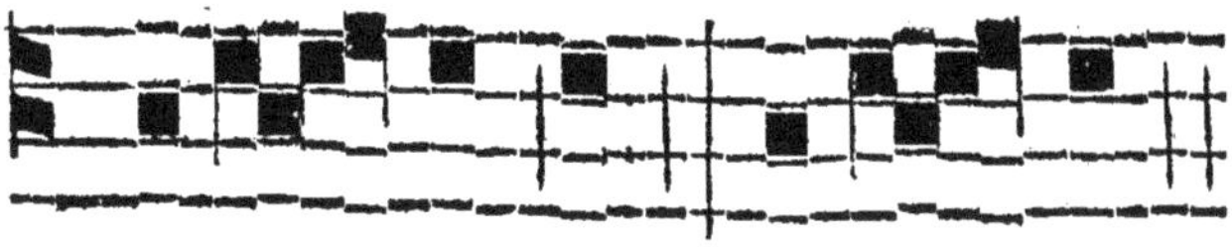

Ant. Exór tum eſt. Tu lé runt.

Leur Termi-naiſon eſt:

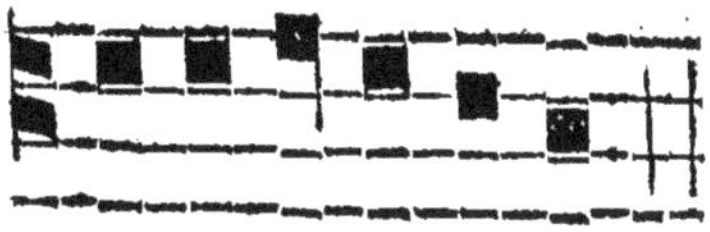

E u o u a e.

Exem-ples.

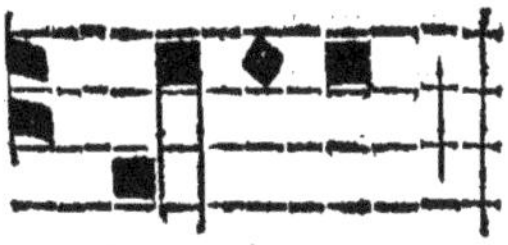

Ant. Angelus.

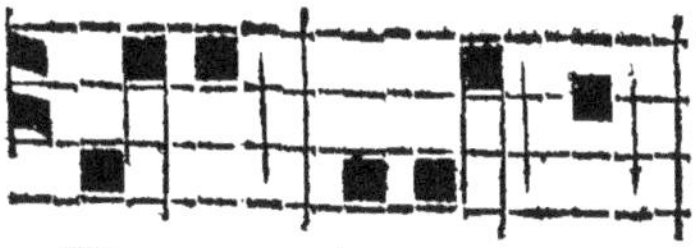

Pu er. Fa cta eſt.

Termi-naiſon.

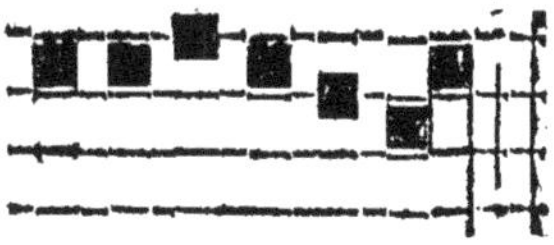

E u o u a e.

Exemples.

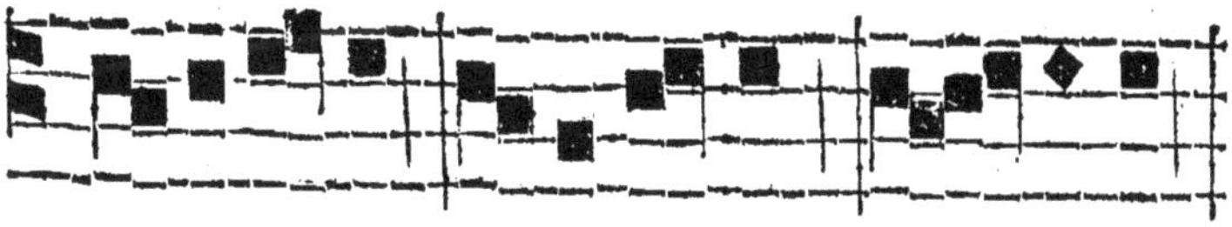

Ant. Alle lú ia. Loquebántur. Dó mi ne.

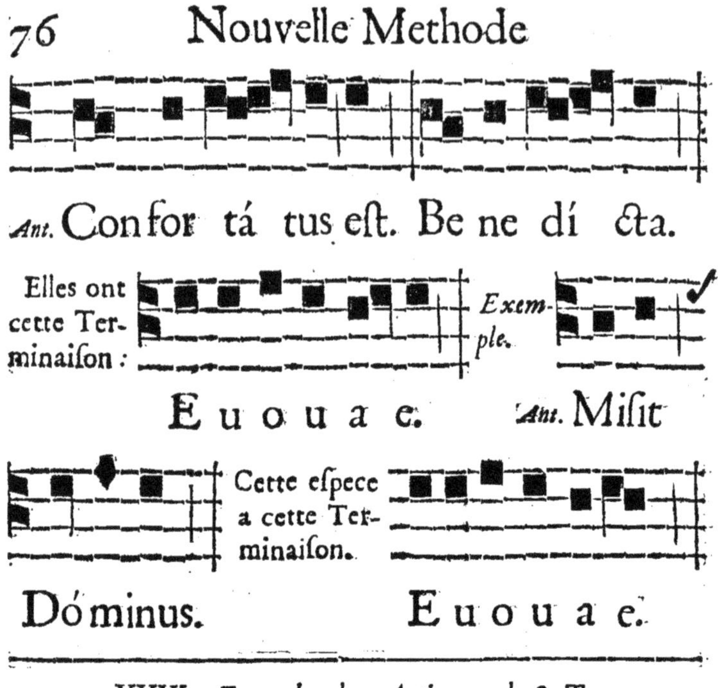

§. XXXI. *Exemples des Antiennes du 8. Ton.*

Quand l'Antienne commence par quelque Note audeſſous de la Dominante qui eſt *ut* ſur la clef, elle a la Terminaiſon ſuivante :

Exemples.

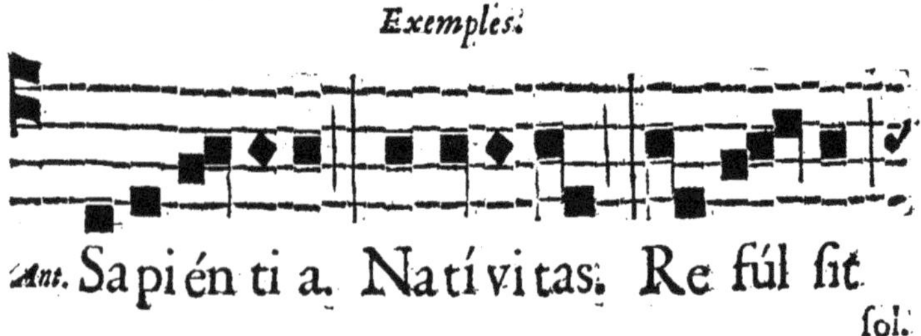

E u o u a e.

Quand l'Antienne commence par l'*ut* ſur la clef, & deſcend *ſi*, *la*, *ſol*, elle a toûjours la Terminaiſon ſuivante, en
haut; c'eſt-pourquoy il faut corriger dans l'Antiphonaire de
Roüen l'*Euouae* de l'Antienne *Ecce ancilla Domini*, au jour
de l'Annonciation de la Vierge. C'eſt une faute évidente:
car ſi on compare cette Antienne avec les Antiennes, *Hoc eſt*
præcéptum meum, *Cóllocet eos Dóminus* au Commun des Apôtres, & *Ecce compléta ſunt* en la 6ᵉ Ferie de la IV. Semaine de
l'Avent, on y verra les mêmes Notes, & neanmoins l'*Euouae*
eſt en haut; & ce qui en eſt encore une grande preuve, c'eſt
que tous les anciens Livres de Chant manuſcrits marquent
au jour de l'Annonciation l'*Euouae* en haut; & il ſe chante

ainſi en la Cathedrale de Roüen & pluſieurs autres Egliſes de cette même Ville.   *Exemples.*

§. XXXII. *Exemples des Antiennes du 8. Ton irrégulier.*

§. XXXIII. *De l'Uni-ſon dans l'Office.*

APrés avoir traité amplement tant des Dominantes &
Finales des huit Tons ou Modes, que des Elevations,
Mediations & des differentes Terminaiſons des Pſeaumes &
Cantiques; & aprés avoir fait connoître par l'intonation des
Antiennes les Terminaiſons qui leur ſont propres, il faut apprendre maintenant comment il faut accorder ces differentes Dominantes, & élever les Antiennes dans une juſte hauteur, de ſorte que quand il faudra chanter en Chœur, on ne
ſorte point du ton qu'on aura pris au commencement de

l'Office, pourvû qu'on foit en bon ton de Chœur.

Il eft certain qu'on ne chante rien dans l'Eglife qui ne foit d'un des huit Tons dont nous avons parlé ci-devant.

La Dominante doit toûjours être le ton de la Pfalmodie. Ainfi tous les Pfeaumes fe doivent toûjours chanter de même teneur, c'eft-à-dire, d'un ton égal, qui foit commode au Chœur, fans prendre ni trop haut ni trop bas comme font ceux qui n'ont nulle connoiffance de ce que nous venons de dire de la nature des Tons, & qui n'ont point d'autre regle que de ne garder ni regle ni mefure.

Pour fçavoir le ton du Chœur fur lequel on doit accorder toutes les Dominantes des huit Tons, il faut faire quelque diftinction des Fêtes, & obferver que dans les Offices de feries, fimples, & femidoubles, on devroit prendre le *la* en hauteur d'Orgue, & faire enforte que toutes les Dominantes frappent à l'oreille ce même fon. Dans les Fêtes doubles, & triples ou folennelles, on pourroit prendre le ton du Chœur fur la hauteur du *fi* de l'Orgue, c'eft-à-dire, un ton plus haut.

Quand on commencera l'Office on aura égard au *Deus in adjutorium*, & on chantera le Pfeaume fuivant dans le même ton que fonnera ce qui fe chante : ce qu'on pratiquera dans tout le refte du Chant.

Quand par exemple on voudra chanter un fecond ton aprés un premier, il faudra que le *fa* foit du même fon que le *la* qui eft la Dominante du premier que l'on vient de chanter, & ainfi de tous les autres. C'eft le vray Monocorde ou Uni-fon du Plein-Chant : ce qui étant bien obfervé on ne détonnera point ; que fi au contraire on ne l'obferve point, cela caufera de la confufion, & choquera l'oreille des auditeurs, qui entendront chanter tantôt haut, tantôt bas.

On

On s'imaginera peut-être que la plus grande difficulté du Plein-Chant confiſte en ce point : mais cela deviendra facile en mettant en pratique les regles que nous en avons données ci-devant, & celles que nous allons encore donner ci-aprés. L'uſage rendra la choſe aiſée ; & je peux dire que ce n'eſt point la difficulté qui empêche qu'on ne pratique l'Vni-ſon, mais plûtôt la negligence de la plûpart de ceux qui ſont employez à ce miniſtere, qui ſe ſoucient fort peu de quelle maniere ils chantent ; pourvû qu'ils entonnent les Notes, cela leur ſuffit ; mais auſſi ſouvent reçoivent-ils la confuſion d'être rabaiſſez enſuite quand le Chantre entonne le Pſeaume.

§. XXXIV. *Comment on doit élever les Antiennes à l'Vni-ſon ſelon la Note dominante.*

POVR élever au ton de la Note Dominante les Antiennes qui ne ſe doublent point, (comme nous dirons ci-aprés aux Cantiques Evangeliques) deſorte que ceux qui doivent élever les Pſeaumes en puiſſent être aidez, il faut mettre pour l'ordinaire la plus haute Note de leur premier ou ſecond mot, & quelquefois de leur troiſiéme au ton des Dominantes des Pſeaumes qui les ſuivent, ou de celles qui les précedent, ajoûtant ſouvent une Note ou deux à la fin de l'élevation, ſelon la diſpoſition du Chant.

Pour entonner une Antienne devant ſon Pſeaume, il faut prendre garde à la hauteur du Chant qui précede, & ainſi ordonner la plus haute Note de l'Antienne ſur le ton précedent, comme nous en allons donner des exemples ci-aprés. Si par exemple aprés avoir chanté un premier Ton il ſe rencontre un ſeptiéme, il faudra mettre le *re* qui eſt la Dominante du

X

7e au ton du *la* Dominante du premier, & le *sol* Finale du 7e se
trouvera du même ton que le *re* d'enbas Finale du premier,
ainsi il n'y aura pas grande difficulté. Si aprés un premier ton
suit un second, alors il faudra chanter le *fa* Dominante du 2.
sur le même son du *la* Dominante du premier, & alors le *re*
Finale du 2. se trouvera une tierce plus haut qu'il n'étoit au
premier.

Il faut donc retenir generalement pour toutes sortes
d'Antiennes que la plus haute Note du premier ou second mot
doit être chantée au ton de la Dominante du Pseaume précedent ; (excepté quelques Antiennes que nous marquerons
en leur lieu,) & toutes les Dominantes des Pseaumes doivent
avoir un même son. Dans les exemples qu'on en donne on
met des Clefs differentes, afin de regler vis-à-vis les Tons
sur un même son, & de faire comprendre les choses plus
aisément. Qu'on ne s'étonne donc pas de voir ces Antiennes transposées, on le fait exprés pour leur donner une même situation.

3. Ton.
Pin guis.   Be á tus   vir.
4. Ton.
Im plé vit.   Laudáte pú e ri.
5. Ton.
Qui pacem. Laudá te Dóminum.
6. Ton.
Gló   ri a.   Læ tá tus fum.
7.
Angelus. Laudáte Dñum omnes gentes

8. Ton.

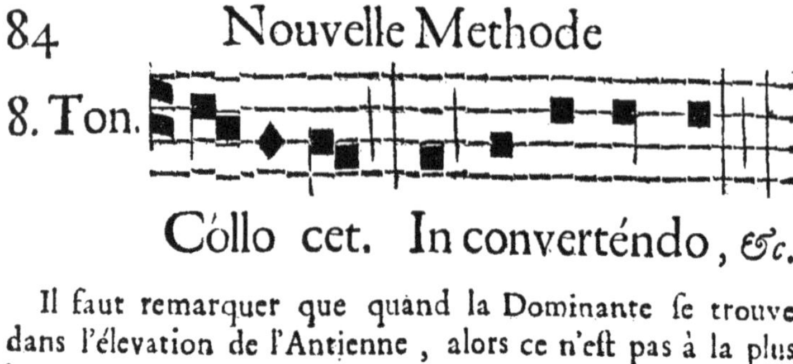

Il faut remarquer que quànd la Dominante se trouve dans l'élevation de l'Antienne , alors ce n'est pas à la plus haute Note qu'on doit avoir égard , mais à la veritable Dominante ; comme par exemple dans l'Antienne suivante ce n'est pas au *za* qu'on a égard , mais au *la* qui est la Dominante.

§. XXXV. *Exception de la Regle generale des Antiennes.*

VOus remarquerez qu'en l'élevation des Antiennes *In patiéntia veſtra* au Commun des Apôtres, *Glarióſa* dans l'Octave de la Nativité de la Vierge , & des autres Antiennes qui leur sont entierement semblables , dont l'élevation commençant par *ut* , *re* , ou *re* , *ut* , & montant au *ſol* , descend sur les mêmes Notes *re* , *ut* , il faut mettre au ton de la Dominante du Pseaume le *fa* , quoique ce ne soit pas la plus haute Note du premier , second , ou troisiéme mot de ces Antiennes.

Aux Antiennes *Germinávit* qui est du premier Ton , & *Rubum quem víderat* qui est du quatriéme , & à leurs semblables , le *ſol* sert de Dominante pour l'élevation.

Les Antiennes *Mediâ vitâ* , *Exultabunt* , & leurs semblables

bles qui font du 4. Ton s'élevent de la même maniere que *Rubum quem viderat* en mettant la plus haute Note de leur Elevation au ton de leur Dominante.

En l'Elevation des Antiennes *Dilécti Deo* & *Dedérunt* au Commun des Evangelistes, & de leurs semblables, il faut mettre le *sol* au ton des Dominantes des Pseaumes qui les suivent, & non pas le *la* quoique ce soit la plus haute Note de leur Elevation. Neanmoins dans l'Elevation de l'Ant. *Beátus ille* au Commun d'un Confesseur c'est le *la* qui sert de Dominante, comme aussi aux Antiennes *Cum palma*, au Commun de plusieurs Martyrs, *Sitívit* en l'Office des Morts, & autres semblables. Et il faut bien se donner de garde d'entonner une tierce mineure pour une tierce majeure (ce que j'ay remarqué arriver tres-souvent ;) c'est à dire d'entonner *ut la si* au lieu de *la fa sol* : ce qui est une faute grossiere, & par où l'on voit que ceux qui chantent ces Antiennes de cette sorte ne sçavent pas le Chant, comme il arrive aussi à l'Antienne *Me suscépit* de l'Office des Morts, où au lieu de chanter une tierce mineure on en chante une majeure ; car au lieu de chanter

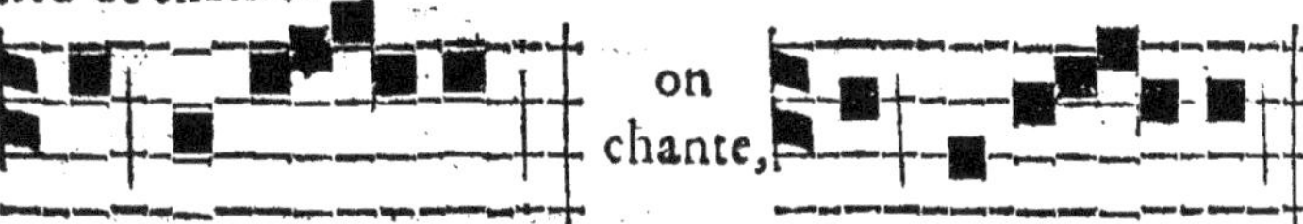

On voit qu'au lieu de chanter en haut un *fa*, on chante un *mi* par ignorance : Ce qui soit dit aussi pour toutes les autres ; car il faut sçavoir que pour justifier une Antienne sur sa Dominante, on ne doit pas pour cela en changer le chant. Je me suis crû obligé de faire cette petite digression, afin d'a-

Y

vertir ceux qui élevent les Antiennes d'éviter ces fautes, fur lefquelles pour l'ordinaire on ne fait aucune reflexion, & on s'imagine même avoir bien dit.

Il faut encore remarquer que dans l'Eglife de Roüen quand l'Antienne & le Pfeaume fe commencent par les mêmes mots, on ne fait point alors d'Intonation au Pfeaume, mais le Chantre continuë droit fut la Dominante du ton duquel il eft, comme par exemple au Samedi à Vêpres, *Lauda* fert d'Elevation d'Antienne & de Pfeaume, & les deux autres mots *Ierúfalem Dóminum* de Mediation.

Exemples.

Cré di di   propter quod locút⁹ ſum.

Que ſi la Dominante même ſe trouve dans le premier ou
ſecond mot de l'Antienne, alors il ne faudra avoir égard
qu'à cette Dominante, & non pas à la plus haute Note,
comme on a dit ci-devant. Tout cela s'apprendra aiſément
par la pratique, pourvû qu'on s'y attache exactement dans
les commencemens.

§. XXXVI. *Des Antiennes qui ſe chantent entieres devant*
l'Elevation des Cantiques Evangeliques.

POVR ce qui eſt des Antiennes qui ſe chantent entieres
devant les Cantiques *Benedictus* & *Magnificat* aux Fêtes
Triples, & devant le *Magnificat* les neuf jours qui précedent
Noël, on n'obſervera pas ce que nous avons dit ci-devant;
c'eſt-à-dire, que pour lors on ne mettra pas la plus haute Note
de ſon premier ou ſecond mot au ton de la Dominante du
Cantique qui la ſuit, mais on deſcendra du ton de la Dominante du Cantique, ſuivant le ton de la premiere Note de
l'Antienne, laquelle ſe commencera comme ſi le Cantique
avoit déja été chanté.

Ce que je dis ici des Antiennes qui ſe chantent entieres devant les deux Cantiques, ſe doit auſſi obſerver aux Répons,
Introïts, Graduels, & autres chants.

Mais comme dans les Fêtes ſolennelles on touche l'Orgue à
ces Cantiques, & que l'Orgue a ſon ton particulier qui eſt

toûjours fixe, il faudroit sçavoir le ton que l'Orgue va toucher pour pouvoir entonner ces Antiennes conformément
au Cantique que l'Orgue touchera, & c'est ce qui me fait
donner ici ces Tons, afin qu'on puisse s'y conformer.

§. XXXVII. *Des huit Tons de l'Orgue, & comment*
on les touche.

NOVS avons dit dans les Chapitres précedens que pour
chanter toûjours en même ton de Chœur, il faloit faire
accorder toutes les Dominantes des huit Tons ou Modes, &
les faire sonner toutes un même son : Ce qui se doit entendre
de la voix humaine qui étant flexible peut prendre tel ton que
bon lui semble; mais non pas des voix artificielles & instru-
mentales, telles que l'Orgue qui ne peut pas fléchir comme
la voix naturelle & humaine.

Il ne faut pas s'imaginer que quand on a inventé & ordon-
né le Plein-Chant on ait eu égard à l'Orgue, qui n'a été introduit en France que du tems de Pepin & de Charlemagne.
Comme donc l'Orgue ne peut pas toûjours s'accommoder au
ton que l'on observe au Chœur, il faut alors que la voix humaine s'accorde avec l'Orgue. Mais parcequ'il y a des Tons
ausquels la voix humaine seroit trop forcée si l'Orgue les tou-
choit dans la situation naturelle où ils sont, tels que sont le
7. & le 4. irrégulier, c'est ce qui est cause que l'Orgue trans-
pose plusieurs de ces Tons, comme nous le verrons ci-aprés.

Pour pouvoir connoître le juste ton de l'Orgue il faut
faire ensorte de bien connoître l'*ut* de bas : on le poura aise-
ment remarquer dans l'Hymne *Christe redémptor omnium* au
jour de Noël, puisque la premiere Note de cette Hymne est
l'*ut* : lorsqu'on sçaura bien le son de cette Note, on n'aura
aucune

Mabillon.
Præfat. sec.
III. Bene-
dict. n. 105.

aucune difficulté pour les autres, puifqu'il n'y aura qu'à
monter à l'ordinaire pour les connoître.

Il faut donc fçavoir qu'à l'égard de l'Orgue pour connoître le Ton on a toûjours égard à la Finale qui eft la bafe
& le fondement du Chant de l'Orgue, & non pas à la Dominante; neanmoins comme cela ne peut nuire, on mettra
l'une & l'autre. Il faut aufli fçavoir que l'Orgue n'a point
d'égard aux differentes Terminaifons d'un Ton, mais qu'il a
la même Finale pour toutes les Terminaifons du même Ton.

Le 1. Ton fur l'Orgue a pour Finale le *re* d'en bas,& le *la*
en haut pour Dominante, comme il eft marqué au naturel.

Le 2. eft tranfpofé, & a le *fol* pour Finale & le *za* pour
Dominante.

Le 3. fe touche en deux manieres : mais avant que d'en
parler il faut remarquer que la Finale de ce Ton fur l'Orgue n'eft jamais éloignée de fa Dominante que d'une tierce ;
& c'eft où fe trompent la plufpart des perfonnes, qui croyent
que la Finale du 3. Ton fur l'Orgue eft un *mi* aufli bien que
dans le Plein-Chant. Il faudra donc commencer les verfets du
Cantique un ton audeffous de la Finale de l'Orgue. Ce 3.
Ton fe touche naturellement la Finale en *la*, & la Dominante en *ut* fur la Clef. Et comme il y a quelquefois des Antiennes qui ont une grande étenduë en haut, comme entr'autres
Super nos pour le *Nunc dimittis* des premieres Complies des
Fêtes Triples, alors l'Organifte le tranfpofe, & l'abbaiffe d'un
ton ; & pour lors la Finale eft le *fol*, & la Dominante le *za*.

Le 4. tant regulier qu'irrégulier a pour Finale *mi*, & pour
Dominante *la*, comme dans le Plein-Chant.

Le 5. fe peut toucher en trois façons. Premierement, en
mettant *fa* pour Finale, & pour Dominante *ut* fur la Clef,

 # Nouvelle Methode

ce qui eſt au naturel. Secondement on le tranſpoſe en mettant *re* pour Finale, & *la* pour Dominante, & alors on fait
une diéſe ſur le *fa* afin que la premiere tierce ſoit majeure
& qu'elle ſoit équivalente à *fa la*. On ſe ſert tres-ſouvent de
cette tranſpoſition, & particulierement quand l'Antienne
a beaucoup d'étenduë en haut. Et quelquefois on le touche
un ton plus bas (quoique tres-rarement) comme par exemple, les *Kyrie, Glória, Sanctus, Agnus Dei* des Fêtes ſolennelles,
& le *Magnificat* du jour de la Touſſaints ; alors la Finale eſt
l'*ut* d'en bas, & la Dominante *ſol* en haut, qui eſt la quinte.

Le 6. a pour Finale *fa*, & pour Dominante *la*, comme
dans le Plein-Chant.

Le 7. ſe tranſpoſe, & a pour Finale *re*, & pour Dominante *la*, en faiſant une diéſe ✗ ſur le *fa*, & chantant le *mi* plei-
nement.

Le 8. ſe peut toucher de deux manieres. Premierement on
le touche naturellement, la Finale en *ſol* & la Dominante en
ut ſur la Clef, & c'eſt comme on le touche ordinairement.
On le peut encore toucher un ton plus bas, la Finale en *fa*, &
la Dominante en *za*, & c'eſt ce qui ſe pratique lorſque l'Antienne a de l'étenduë en haut, ou quand on touche en quelque Fête ſemidouble ou double.

Finales & Dominantes des huit Tons de l'Orgue.

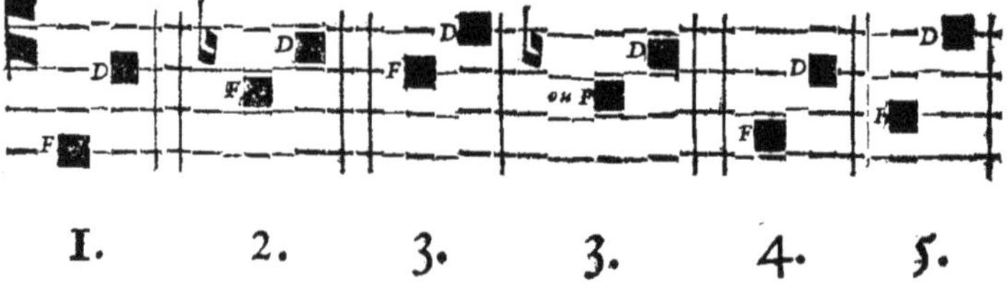

§. XXXVIII.   *Exemples des huit Tons de l'Orgue.*

L'Orgue com-
mence toûjours
par la Finale.

Dómi num.   Et e xul tá vit.

2.
tranſposé.

mi num.   Et e xul tá vit.

3.
Magní fi cat á nima me a Dó-
Le
Chœur
reprend
minum.   Et e xul tá vit.
3.
transposé.
Magní fi cat á ni ma me a
ou Nunc dimíttis.
Le
Chœur
reprend
Dó minum.   Et e xul tá vit.
4.
regulier &
irrégulier.
Ma gní fi cat á nima me a
Dóminum.

Le
Chœur
reprend
Dó minum.
Et e xul tá vit.
5.
Magníficat á ni ma me a Dómi-
Le
Chœur
reprend
num.
Et e xul tá vit.
5.
transposé.
Magní fi cat á ni ma me a Dó-
Le
Chœur
reprend
minum.
Et e xul tá vit.

A a

5.
transposé.
Ma gní fi cat á ni ma me a Dó-
Le Chœur reprend
minum. Et e xultá vit.
6.
Ma gní fi cat á ni ma me a Dó-
Le Chœur reprend
minum. Et exultá vit.
7.
transposé.
Ma gní ficat ánima me a

Le Chœur reprend
Dóminum.
Et e xultávit.
8.
Ma gní fi cat á nima me a Dó mi-
Le Chœur reprend
num.
Et e xul tá vit.
8.
transposé.
Ma gní ficat á ni ma me a Dó-
Le Chœur reprend
minum.
Et e xul tá vit.

Pour ce qui eſt du 8. Ton irregulier, on le touche ſur l'Orgue comme un premier, parceque la Dominante du Cantique eſt *la* & la Finale *re* ; nous ne laiſſerons pas neanmoins de le mettre ici afin d'en donner une expreſſion particuliere.

Les Hymnes, les Introïts, & autres Chants ſe touchent de la même maniere, & ſe tranſpoſent comme les Cantiques dans de certains tons, par exemple les Hymnes *Antra deſérti* & *O nimis felix*, aux Matines & aux Laudes de la Nativité de S. Jean-Baptiſte, qui ſont du ſecond Ton, ont pour Finale *ſol*, & pour Dominante *za*, & ſe tranſpoſent ainſi ſur l'Orgue :

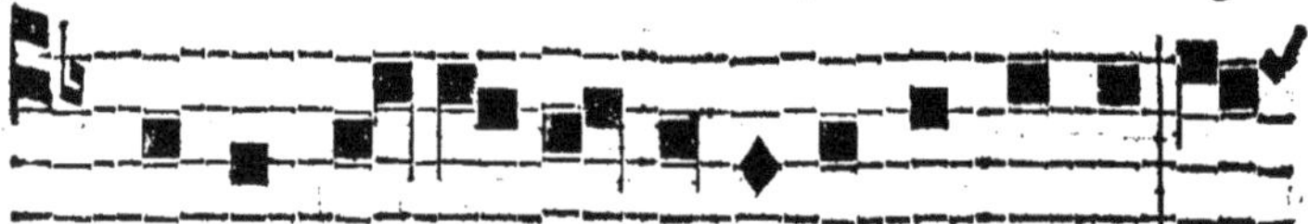

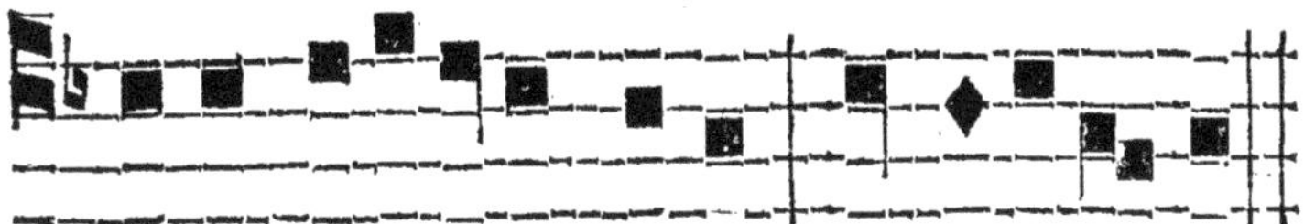

De même le huitiéme Ton peut être tranfpofé en mettant
la Finale en *fa*, & la Dominante en *za*, & on les tranfpofe ainfi
quand ils ont quelque étenduë, comme par exemple les Hymnes *Veni Creátor* & *Salvátor mundi* aux Complies des Fêtes
triples, qui font du huitiéme naturel, & le *Te lucis* aux Complies des Fêtes doubles qui eft du huitiéme tranfpofé ; On les
touche ainfi fur l'Orgue ,

B b

órum víſita; Imple ſu pér nâ grá-
váſti hódie, In hac noćte nos pró-
ti â Quæ tu cre áſti pé ćto ra.
tege, Et ho râ mor tis ſúſ ci pe.
Hym.Te lucis ante términum, Rerum
cre á tor póſcimus Vt ſó li-
tâ cleménti â Sis præ ſul

Ce qui eſt dit des Pſeaumes ſe doit auſſi entendre des autres Chants de l'Egliſe, comme des Introïts de la Meſſe, &c. *Salve ſanƈta parens*, qui eſt du 2. Ton, nous ſervira d'exemple.

Dans le Plein-Chant il y a :

Cela ſuffit pour avoir une entiere intelligence des Tons de l'Orgue. Toutes choſes deviendront encore plus aiſées par la pratique.

§. XXXIX. *La maniere de chanter un Office entier à l'Uni-son.*

POVR chanter les Vêpres entieres à l'Vni-son, il faut seu-lement remarquer que toutes les Dominantes soient sur une même regle & sur un même son, sans avoir égard à la hauteur ou basseße des Clefs ; c'est pour cela que j'ay transposé la Dominante du 7e laquelle est en espace, & que je l'ay mise sur la regle à cause qu'il la faut mettre au ton des autres, comme si en effet elle se trouvoit sur une regle dans les Livres. Nous prendrons pour servir d'exemple les premieres Vêpres de la Fête de la sainte Trinité.

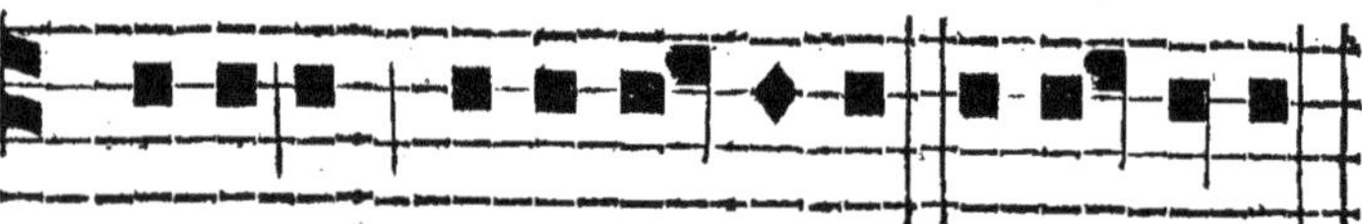

Pseaume.

Pſ. Be á tus vir. *Ant.* Laus. *Pſ.* Lau dá te.

Ant. Ex quo ómni a. *Pſ.* Laudáte Dóminum.

Chap. O altitúdo. R⳨. Summæ. *Hym.* O lux,

Aux Fêtes triples comme l'Antienne de *Ma-gnificat* ſe chante entiere devant le Cantique, on ne chante pas le premier mot de l'Antienne à l'Vni-ſon ſur la regle ; mais on déconte de ſa Dominante juſqu'à la premiere Note de l'An-tienne. On obſerve la même choſe aux Com-memorations, parce qu'on continuë l'An-tienne.

be á ta.

Ant. Grá ti as. *Cant.* Magníficat. ⳨. Dóminus

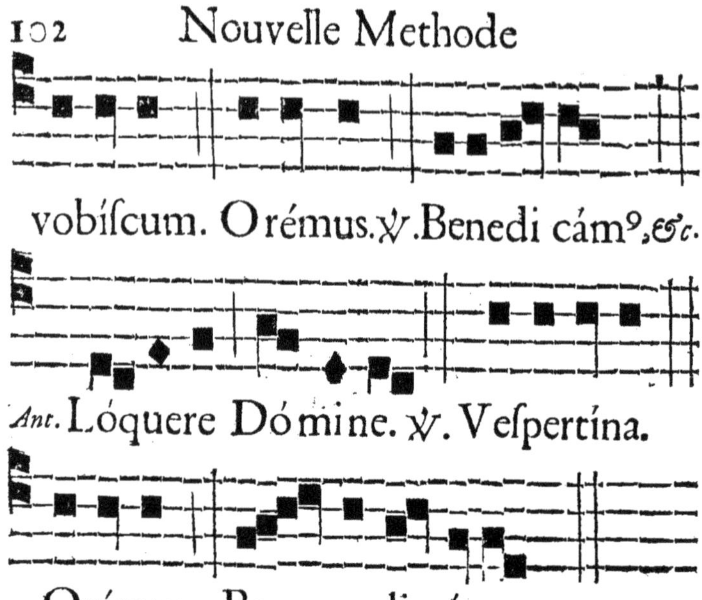

On peut ainsi chanter toutes sortes d'Offices à l'Vni-son au ton de la Note Dominante, même la Messe toute entie-re , pourvû que le Celebrant qui la dit & le Chantre qui gouverne le Chœur sçachent bien pratiquer cette Domi-nante , & qu'ils ayent intelligence ensemble ; que l'Introït de la Messe ait été élevé d'un ton convenable à la Fête, & que le Prêtre celebrant & le Chantre sçachent de quel ton est chaque chose qu'ils doivent élever, comme l'Introït; le *Kyrie* , le *Gloria in excelsis* , le Graduel, le *Credo* , l'Offer-toire , la Préface , &c.

Il n'y a nul doute que si un Office entier étoit chanté à l'Vni-son cela ne fût beaucoup plus agreable, que d'enten-dre chanter tantôt un Pseaume haut , tantôt un autre plus

bas, des Antiennes & des Oraiſons de même ; & ſi on vouloit être d'intelligence à chanter avec meſure, également,
& faire les mêmes pauſes, on verroit alors quelle eſt la beauté du Plein-Chant.

---

§. XL. *Des Verſets qui ſe chantent au commencement de l'Office.*

LEs Verſets qui commencent l'Office de Matines & de
Complies, tels que ſont *Dómine lábia* & *Convérte nos*,
comme auſſi le Verſet que l'Officiant chante immediatement devant les Laudes, ſe finiſſent à la tierce en bas, ſi ce
n'eſt que le dernier mot du Verſet fût hebreu, grec, ou monoſyllabe, car alors on feroit une inflexion de voix du *ſi* à
l'*ut*.   *Exemples.*

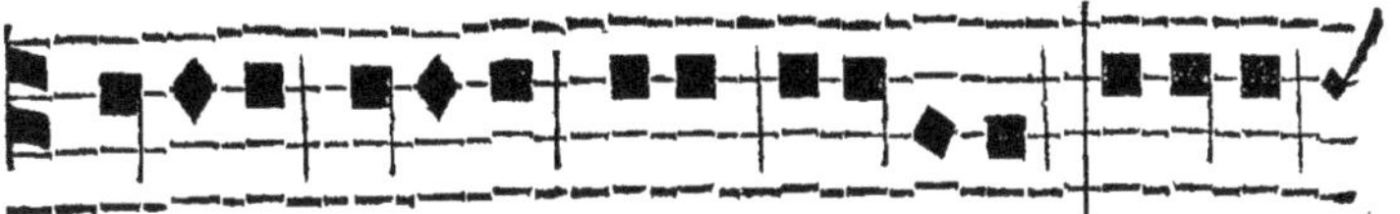

Dómine lábia mea apéries. Convérte

On répond
de la même
maniere.

nos Deus ſa lú ta ris noſter.

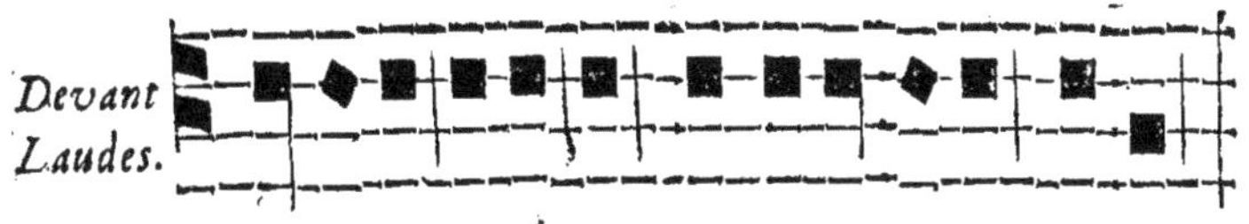

Devant Laudes.

Spécie tu â & pulcritúdine tu â.

§. XLI. *Des Versets qui se chantent aprés les Hymnes à Laudes, à Vêpres, à Complies, & aux Nocturnes.*

LES Versets aprés les Hymnes dans les Vêpres, dans les
Laudes, & dans les Nocturnes se chantent aux Fêtes
triples ou solennelles au milieu du Chœur par trois Acolythes
ou Clercs ; aux doubles par deux ; aux Dimanches, semidou-
bles, simples, & feries par un au bout du banc de son costé,
comme

comme auſſi le Verſet de Complies, quelque Fête qu'il ſoit,
en cette maniere :

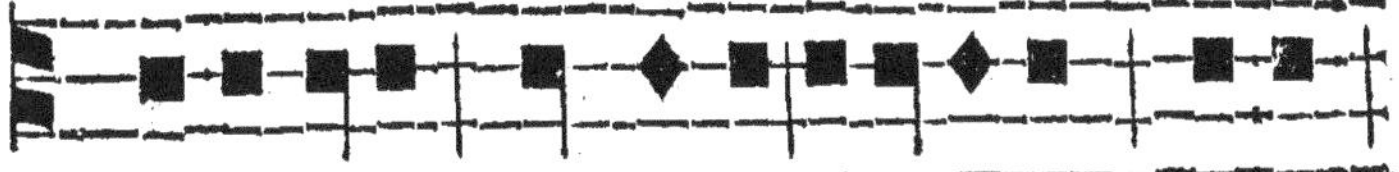

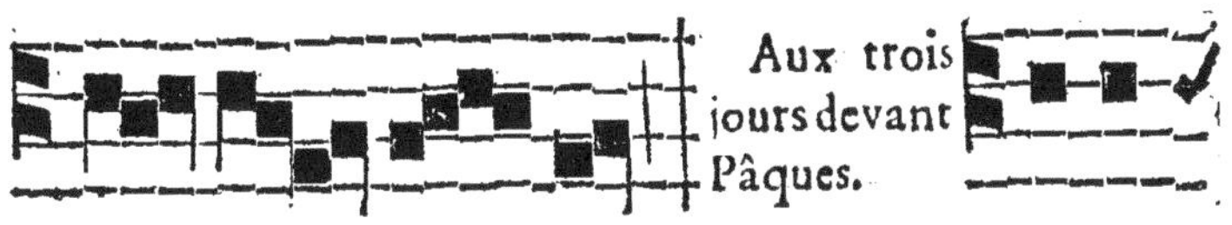

a.   Neume.

℣. Aver-

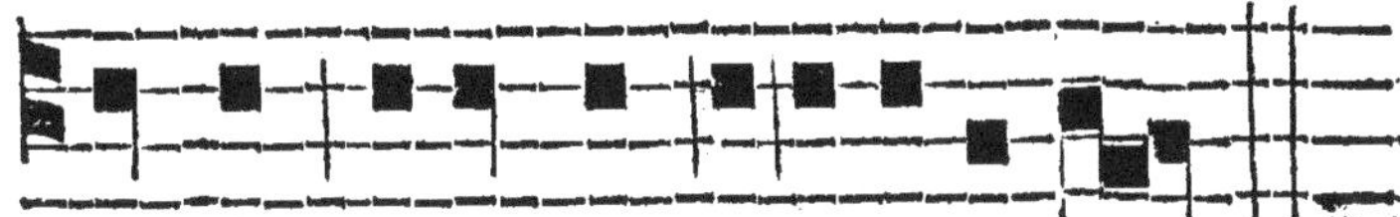

tán tur re trórſum, & e rubéſcant.

En l'Office des Morts ils ſe chantent ainſi,

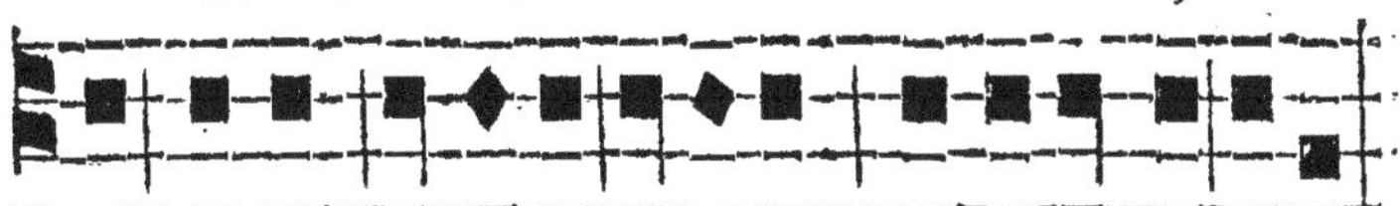

Ne tradas béſti is á nimas confiténtes tibi.

§. XLII. *De pluſieurs autres Verſets chantez par l'Officiant.*

L Es Verſets *Pater noſter*, *Et ne nos*, *Sed libera*, tous les
Chapitres ou Capitules, les Verſets des Commemora-

tions tant des Laudes que des Vêpres, les Préces de toutes les Heures, les *Dominus vobiscum*, *Benedicamus Domino*, & *Deo gratias* aprés les Oraisons (hors Vêpres & Laudes,) les Préces des Laudes & Vêpres des Morts & les Versets de cet Office se terminent en baillant d'une tierce, excepté quand il faut faire un interrogant ? ou qu'il faut prononcer un monosyllabe, ou un mot hebreu ou grec, car alors on le chante droit, excepté *Alleluia* qu'on abbaisse à la tierce.

Les Préces tant Dominicales que Feriales se disent au ton du *Kyrie*.

Le *Confiteor* de Prime & de Complies se dit sans chanter, & tout droit.

Le Verset *Pretiosa* aprés le Martyrologe avec les Oraisons & les Versets suivans se chantent d'une voix mediocre, ensorte toutefois que l'Officiant puisse être entendu de tout le Clergé assistant ; mais le *Iube* & la Benediction devant la Leçon bréve se chantent au ton du Martyrologe & de la Leçon.

Exemples des Versets & Chapitres.

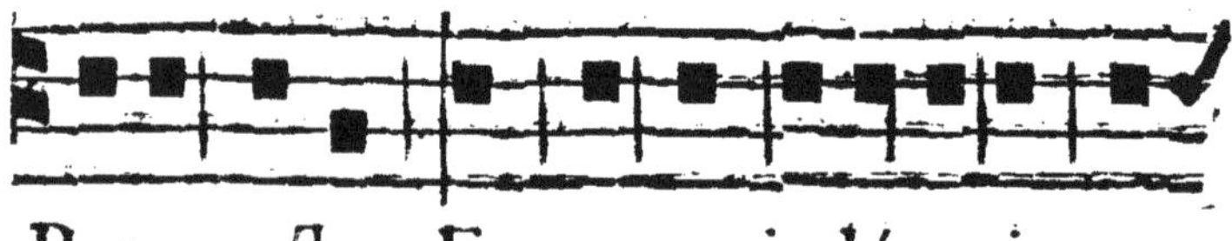

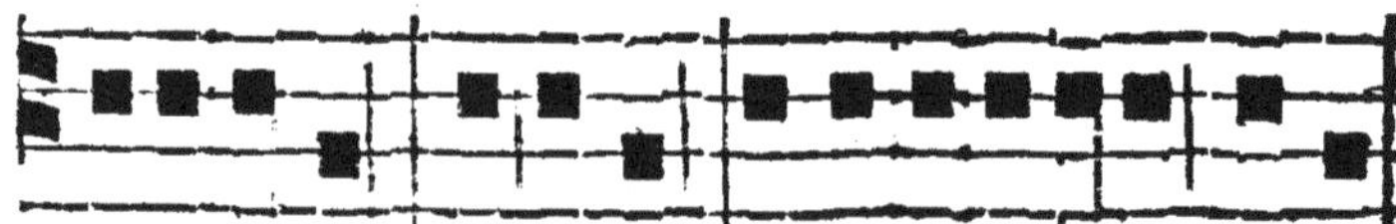

§. XLIII. *Des Abfolutions, Benedictions, & Leçons.*

LEs Abfolutions des Noctutnes, les *lube domne benedi-
cere*, les Bénedictions, les Prophéties, les Leçons, & les
Tu autem fe terminent à la quinte. Quand il y a un ? interrogant on chante tout droit en foûtenant la derniere fyllabe un peu plus que les précedentes ; mais quand il y a un

monofyllabe, un mot hebreu ou grec fuivi d'un . point il
faut faire fur la derniere fyllabe qui le précede une inflexion
de voix du *fi* à l'*ut* de la Note Dominante.

Tous les *Amen* & les *Deo grátias* aprés les Chapitres &
les Leçons fe chantent tout droit au ton de la Dominante,
excepté le *Deo grátias* aprés la Leçon breve de Prime, lequel fe chante toûjours, comme dans les Feries ;

Je ne parle point ici des *Benedi-*
cámus des grands Offices, parcequ'ils ont des chants particuliers
felon la diverfité des Fêtes, & qu'ils
font notez dans les Antiphoniers.

Deo gráti as.

Exemples.

Abfolu-
tion.

Exaúdi, feculórũ. Iube domne benedícere.

Benedi-
ction.

Deus Pater, & clemens. Leç. De libro Gé-

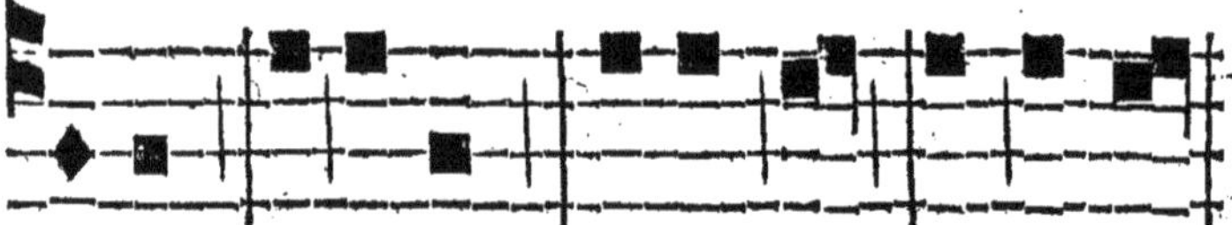

ne fis. & terram. Fi at lux. ad Adam.

Comedífti ?

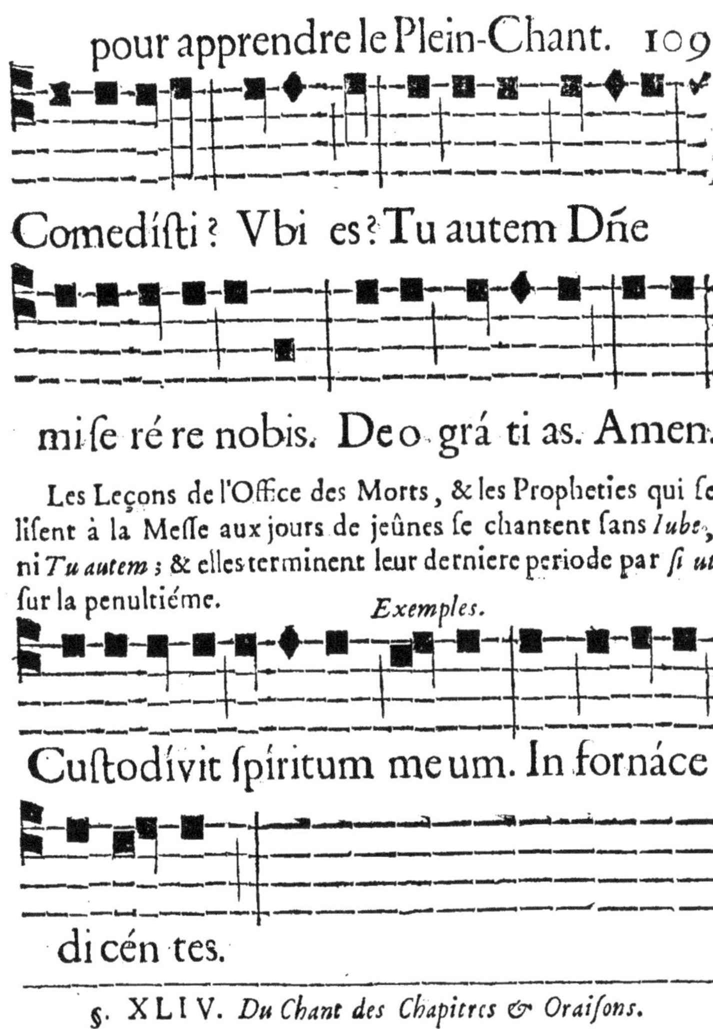

Comedísti ? Vbi es ? Tu autem Dñe

mi ſe ré re nobis. Deo grá ti as. Amen.

Les Leçons de l'Office des Morts, & les Propheties qui ſe liſent à la Meſſe aux jours de jeûnes ſe chantent ſans *Iube*, ni *Tu autem* ; & elles terminent leur derniere periode par *ſi ut* ſur la penultiéme.

Exemples.

Cuſtodívit ſpíritum me um. In fornáce

di cén tes.

§. XLIV. *Du Chant des Chapitres & Oraiſons.*

LES Chapitres ou Capitules ſe terminent à la tierce en bas. Mais s'ils finiſſent par un mot hebreu, grec, ou monosyllabe, on fait une reflexion de voix d'un demi ton.

Oremus, Amen, Et cum spiritu tuo, se chantent toûjours droit en toutes sortes d'Offices.

Les Oraisons & Chapitres se prennent à la Dominante de l'Antienne qui les précede, si ce n'est qu'elle soit du 8e Ton irrégulier, comme *Nos qui vivimus,* & *Cùm vénerit*; car alors on les éleve d'un ton plus haut que la Finale de l'Antienne ou de la Neume.

Quand l'Antienne *Cùm vénerit* sert pour la Commemoration du Samedi à Vêpres & du Dimanche à Laudes dans l'Octave de l'Ascension, alors c'est l'*ut* sur la Clef qui sert de Dominante.

On abbaisse les Préces des Laudes & Vêpres dans les Feries, & à la fin l'Officiant éleve sa voix jusqu'à la quarte en disant *Dominus vobiscum* devant l'Oraison qu'il prononce de même ton.

Les Oraisons des autres Heures se disent au ton des Préces, ou du Verset aprés le Répons bref quand il n'y a point de Préces.

Les Oraisons des Laudes, Messes, & Vêpres, & le Verset *Dominús vobiscum* doivent être accentuez d'un accent aigu ou long sur la quatriéme syllabe devant la fin du corps de l'Oraison.

Exemples.

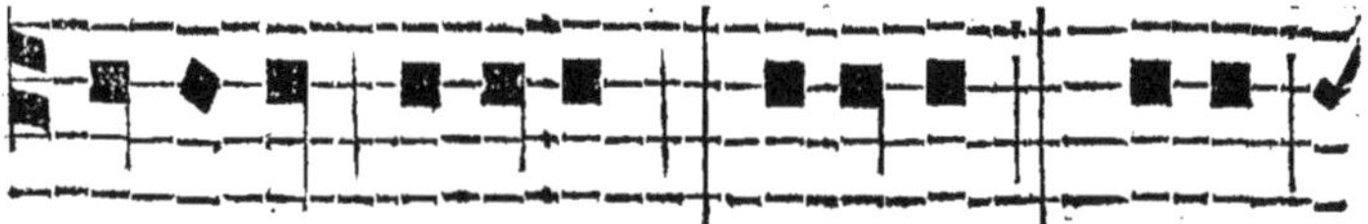

Dominús vobiscum. Orémus Deus.....

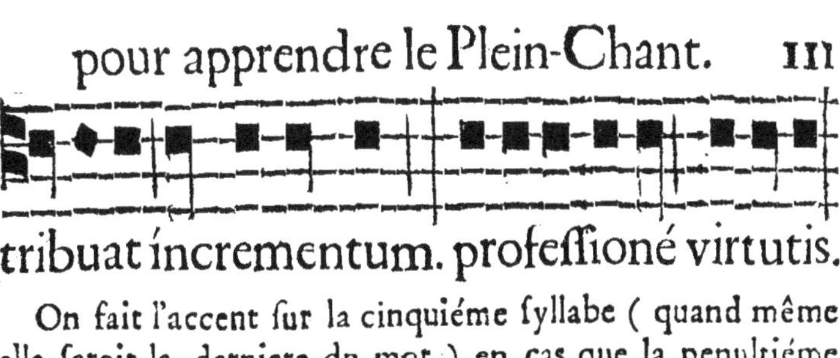

On fait l'accent sur la cinquiéme syllabe (quand même
elle seroit la derniere du mot) en cas que la penultiéme
soit bréve, comme,

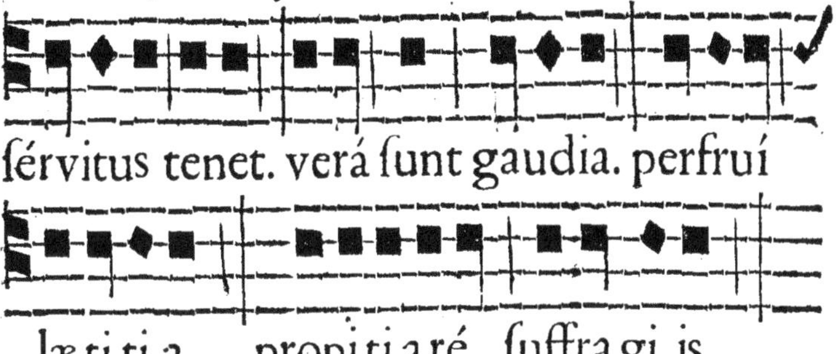

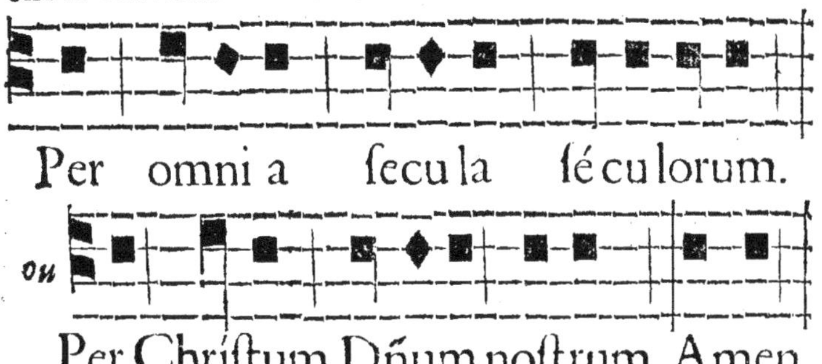

Si cette 5ᵉ syllabe étoit encore bréve il faudroit mettre l'accent sur la 6ᵉ.

Les mêmes Oraisons des Matines , Messes , & Vêpres
ont la conclusion suivante :

Aux autres Offices, comme aux Heures Canoniales, à l'Office des Morts, aux Proceſſions de devotion, & autres choſes ſemblables, l'Oraiſon ſe termine à la quinte en bas ſur la derniere ſyllabe, ou ſur les deux dernieres, ſi la penultiéme ſyllabe eſt bréve; & la concluſion de l'Oraiſon ſe terminera à la tierce en bas ſur la derniere ſyllabe.

Exemples de la fin des Oraiſons.

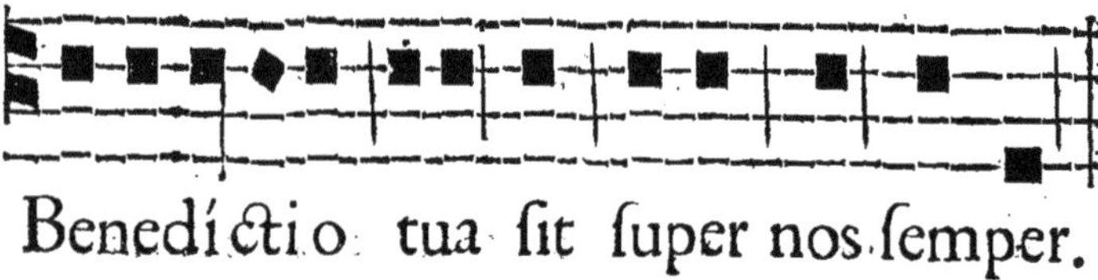

Exemples de la concluſion.

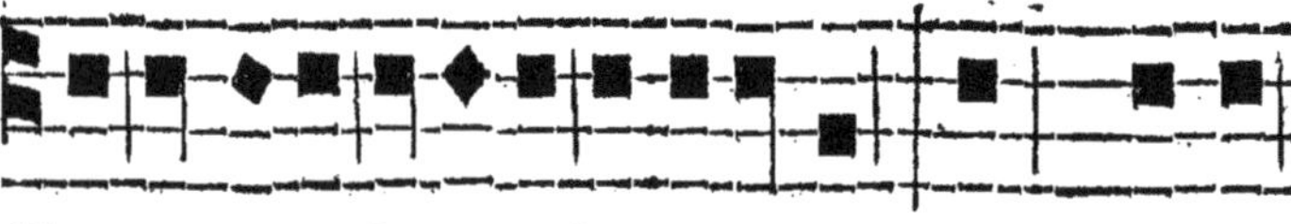

Il faut

Il faut excepter de ces regles les Oraisons de la Fête & de l'Octave de S. Estienne, l'Oraison *Deus qui salútis*, & celle de la Vigile de S. Jean-Baptiste, quand elles se terminent par ces mots *Filium tuum*, car pour lors aux Laudes & aux Vespres on monte d'un ton en la premiere syllabe de *Filium*,

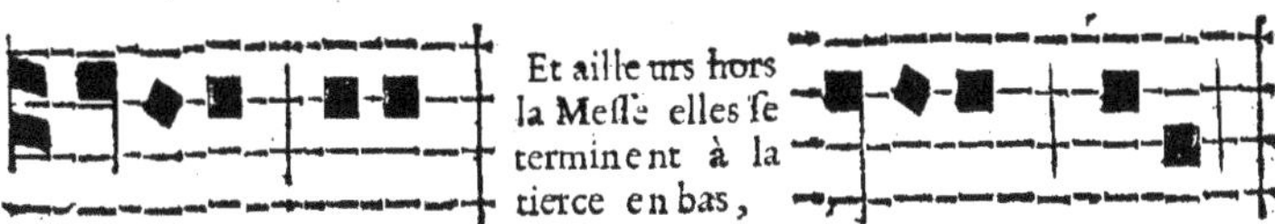

Fílium tuum.   Fílium tuum.

Toutes les Oraisons de tout le petit Office de la Vierge se terminent comme celles des Heures Canoniales du Jour.

§. XLV. *Comment se doivent chanter les Epîtres & Evangiles.*

IL ne reste plus qu'à parler des accents des Epîtres & Evangiles, non pas de ceux qui concernent la longueur ou brié-veté des syllabes, mais de ceux qui regardent leur chant, & qui sont marquez dans les Missels.

Il y a trois sortes d'accens qui se pratiquent à l'égard du chant des Epîtres & des Evangiles. Le premier se fait vers le milieu de la periode un peu devant les deux points : le second se fait à la fin de la periode ; & le dernier à la fin de l'Epître & de l'Evangile.

Periode est tout le texte depuis un point jusqu'à l'autre.

Un peu devant les deux points il y a trois accens ou parties que les Anciens appeloient *Tenor*, *Thesis*, & *Arsis*, & qui pour cette raison sont marquez dans les Missels d'un *T* & d'un *A*. *Tenor* est quand on tient un peu ferme sur une fyllabe longue qui eft devant une ou deux fyllabes abbaiffées d'une tierce mineure. *Thefis* eft l'abbaiffement d'une ou deux fyllabes, aprés le *Tenor*, à une tierce mineure. *Arfis* eft le relevement d'une fyllabe aprés une ou deux fyllabes abbaiffées : ce qui deviendra clair par l'exemple fuivant,

On doit feulement abbaiffer une fyllabe, fi ce n'eft lorfque la penultiéme qui doit être abbaiffée eft bréve, parcequ'alors la derniere & la penultiéme s'abaiffent, à caufe que le relevement ne fe peut faire fur la derniere fyllabe d'un mot, ce qui deviendra clair par l'exemple fuivant, car on ne dit point :

Car on ne doit point relever le ton fur la derniere fyllabe d'un mot, excepté à quelques-uns qui doivent être prononcez d'un accent aigu, comme nous dirons dans la fuite.

En toute periode interrogatoire on ne fait aucun abbaiffement ou relevement de fyllabes, mais feulement à la fin ou environ on foûtient fa voix tant foit peu plus fort que devant;

Si devant les deux points il y a deux mots qui ayent les deux penultiémes syllabes bréves, dont le premier soit de trois syllabes, & le dernier de trois ou quatre, étant précedez d'un mot hebreu, ou grec, le relevement se fera sur la derniere du mot hebreu ou grec qui doit avoir un accent aigu, *Exemple.* *Thesis, Arsis.*

Quant au second point ou accent du chant de l'Epître qui est celui de la fin de la periode, il se fait sur la quatriéme syllabe de la fin en retrogradant, & on l'éleve d'un ton comme en la mediation des Pseaumes du 3. Ton. *Exemples.*

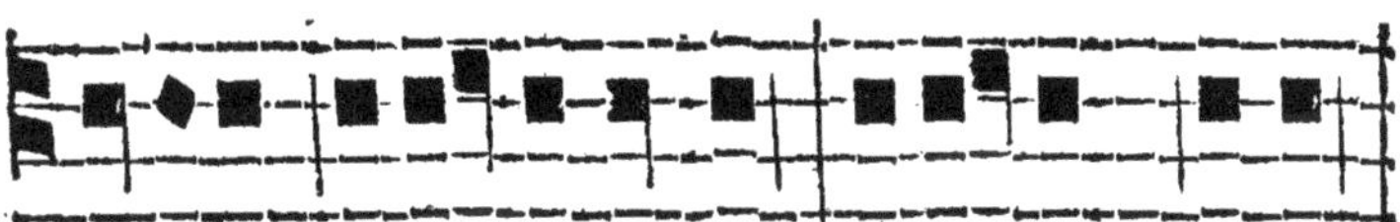

Quand un monosyllabe est immediatement devant le point. l'élevation se doit faire sur la troisiéme syllabe de la fin en retrogradant.   *Exemples.*

L'accent ſe fait auſſi de même, quand devant le point. il y a un mot latin de deux ſyllabes, & que le mot précedent eſt hebreu ou grec, car alors l'élevation doit être faite ſur la derniere ſyllabe de ce mot hebreu ou grec, **Exemple.**

Mais à la fin de la periode de l'Evangile l'accent ſe fait toûjours tout droit, en ſoûtenant un peu la penultiéme.

L'accent de la fin des Epîtres & Evangiles.

Les Epîtres & Evangiles ſe terminent en la maniere ſuivante. Le 3ᵉ point ou accent ſe fait un peu devant la fin en deſcendant de l'*ut* au *la*, puis en mettant encore un *la* ſur la ſyllabe qui ſuit, & le liant avec l'*ut* auquel on remonte, & dont on continuë le ton juſqu'à la fin.   **Exemples.**

F I N.

DIFFERENCE DES HVIT TONS
felon l'Vfage Romain.

IL y a trois chofes à obferver dans les huit Tons fur les Pfeaumes & Cantiques, l'Intonation, la Mediation, & la Terminaifon.

L'*Intonation* eft le chant du commencement d'un Pfeaume ou Cantique.

La *Mediation* eft une certaine compofition de chant qui précede une paufe qui fe fait au milieu de chaque Verfet des Pfeaumes & Cantiques.

La *Terminaifon* eft la maniere de finir les Verfets du Pfeaume ou Cantique : Elle eft ordinairement défignée par *Euouae* qui marque les voyelles de *Seculorum Amen*, qui eft à la fin de chaque Pfeaume.

Il y a de deux fortes d'Intonations en tous les Tons ; une folennelle, & l'autre fimple. La folennelle a diverfes fortes de Notes, & d'ordinaire fe fait en montant. La fimple fe fait droit fur la Dominante fans hauffer ni baiffer.

L'Intonation folennelle fe fait aux Fêtes doubles à Vêpres, Matines, & Laudes feulement, & elle ne fe fait point aux petites Héures, Prime, Tierce, &c. non pas même aux Fêtes folennelles : & l'Intonation fimple fe fait aux Dimanches ordinaires, que l'on appellé *par an*, aux Fêtes femidoubles, fimples, & jours feriaux.

Aux Fêtes doubles l'Intonation folennelle qui fe fait fur les Pfeaumes, fe fait feulement au premier Verfet, & non aux autres quand même la Fête feroit double & de premiere claffe ; mais aux Cantiques *Magnificat*, *Benedictus*, & *Nunc dimittis*, on fait aux Fêtes doubles non feulement l'Intonation folennelle au premier Verfet, mais encore à tous les fuivans.

Aux Dimanches ordinaires, Fêtes femidoubles, fimples, & Feries on fait l'Intonation fimple, en commençant les Pfeaumes par la Dominante, même au premier Verfet ; Et aux Cantiques *Magnificat*, *Benedictus*, & *Nunc dimittis*, on fait la folennelle au premier Verfet feulement, & non pas aux autres.

Il feroit fort utile de lire ce Livre depuis le §. VII. pag. 21. jufqu'au §. XX. p. 54.

I. Ton. Tout comme au §. X. en la page 17 ; & puis ce qui fuit.

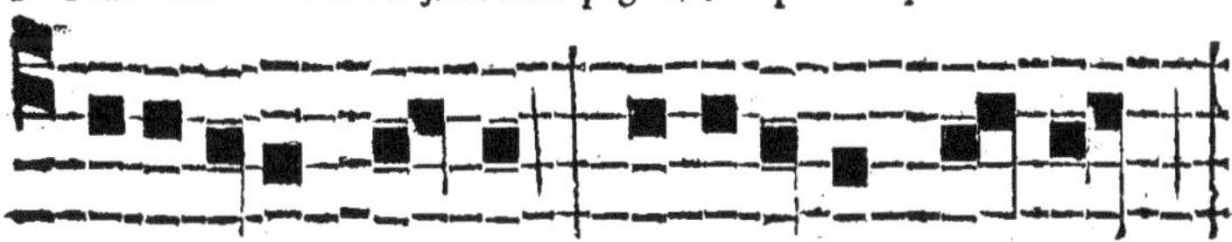

II. Ton. Tout comme au §. XI. en la page 19.

Gg

III. Ton. Tout comme au §. XII. en la page 32. & puis ce qui suit.

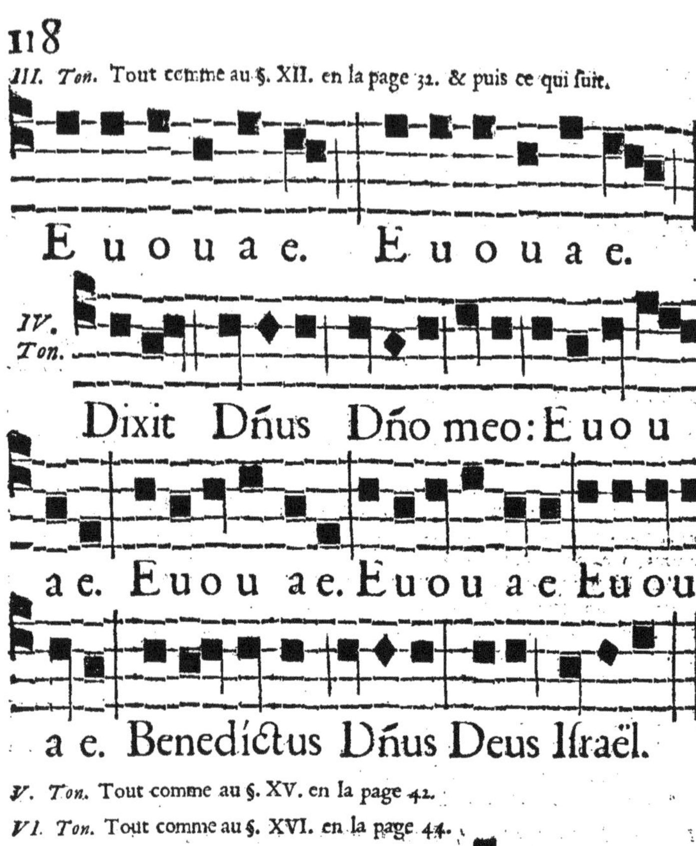

IV. Ton.

V. Ton. Tout comme au §. XV. en la page 42.

VI. Ton. Tout comme au §. XVI. en la page 44.

VII. Ton. Tout comme au §. XVII. p. 46. excepté ce qui suit.

VIII. Ton. Tout comme au §. XVIII. en la page 48.

VIII. Ton irregulier. Comme en la page 53. excepté qu'on chante *sol la* sur *Jacob.*

DIFFERENCE DE LA PSALMODIE
de l'Eglise de Paris.

AUx Cantiques Evangeliques on commence tous les Verſets par l'Intonation aux Fêtes Annuelles & ſolennelles ſeulement. Aux autres jours on y obſerve la même choſe qu'aux Pſeaumes.

I. Ton. Comme au §. X. en la page 17 , excepté ce qui ſuit.

Laudáte Dñum omnes gentes: laudáte.

miſericórdi a ejus. Seculórum. Amen.

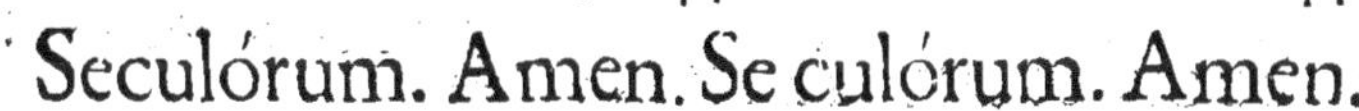

Seculórum. Amen. Se culórum. Amen.

Seculórum. Amen. Seculórum Amen.

II. *Ton.* Tout comme au §. XI. en la page 29. & puis ce qui suit.

Laudáte Dóminum omnes gentes:

Seculórum. Amen.   Seculórū amen.

III. *Ton.* Comme au §. XII. en la page 34. & puis ce qui suit.

Seculórum. Amen. Seculórum. Amen.

Seculórum. Amen.   IV. *Ton.* Comme au §. XIII. en la page 35., excepté ce qui suit.

Laudáte Dóminum omnes gentes: Seculórum.

V. Ton. Comme au §. XV. en la page 42. Et puis ce qui fuit.

VI. Ton. Comme au §. XVI. en la page 44. Et puis ce qui fuit.

H h

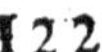

Le chant des Cantiques *Benedictus* & *Magnificat*, de même.

seculórum. Amen.

Autre chant des mêmes Cantiques pour la Terminaison ordinaire.

Benedíctus Dóminus Deus Ifraël.

Autre Term.

Seculórum. Amen.

VII. Ton. Comme au §. XVII. en la page 46. excepté ce qui fuit.

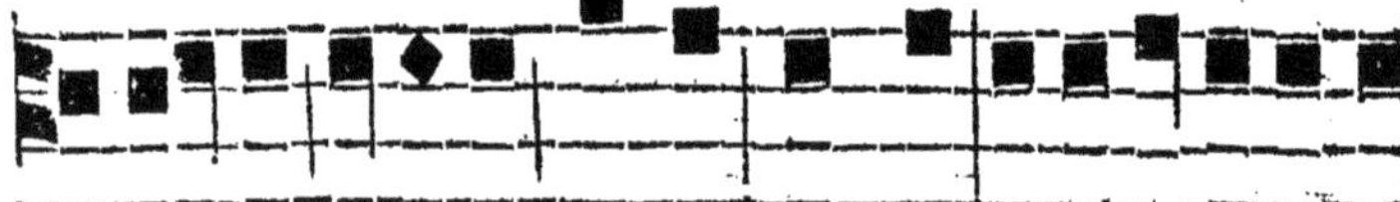

Laudáte Dñm omnes gentes: Eu o u a e.

VIII. Ton. Tout comme au §. XVIII. en la page 48. Et puis ce qui fuit.

Seculórum. Amen. Seculórum. Amen.

F I N.

TABLE DES CHAPITRES.

Extrait du Privilege du Roy.

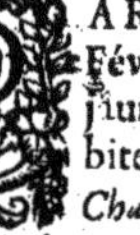
PAR Lettres Patentes du Roy données à Versailles le 20. jour de Février 1684. signées BULTEAU, & scellées du grand Sceau de cire jaune, il est permis au Sieur * * * de faire imprimer, vendre, & debiter un Livre intitulé, *Méthode tres-facile pour apprendre le Plein-Chant dans la perfection, avec un Traité des huit Tons de l'Eglise, des Tons de l'Orgue, de l'Uni-son dans l'Office, & le Chant pour toutes les Heures Canoniales & la Messe,* par tel Imprimeur ou Libraire qu'il voudra choisir, en tel volume, marges & caracteres, & autant de fois que bon lui semblera pendant le tems de DOUZE ANNE'ES, à commencer du jour qu'il sera achevé d'imprimer pour la premiere fois ; avec défenses à tous Imprimeurs, Libraires, & autres Personnes, de quelque qualité & condition qu'ils soient, d'imprimer ou faire imprimer, vendre & debiter ledit Livre sous quelque prétexte que ce soit, sans la permission dudit Sieur * * * ou de ceux qui auront droit de lui, à peine de confiscation des Exemplaires contrefaits, de trois mille livres d'amende, & de tous dépens, dommages, & interests ; ainsi qu'il est plus au long porté par lesdites Lettres de Privilege.

Registrées sur le Livre de la Communauté des Imprimeurs & Libraires de Paris le 7. Mars 1684. Signé ANGOT Syndic.

Et signifiées, & registrées sur le Livre de la Communauté des Imprimeurs-Libraires de Roüen le 6. jour d'Avril 1684.

Et ledit Sieur * * * a transporté son droit de Privilege à BONAVENTURE LE BRUN le jeune, Imprimeur & Libraire à Roüen, pour en joüir suivant l'Accord fait entr'eux.

Achevé d'imprimer le 25. May 1685.
Les Exemplaires ont été fournis.